国基研「政軍関係」研究会［編］
座長 田久保忠衛
堀 茂／黒澤聖二［責任編集］

「政軍関係」研究

新たな文民統制の構築

並木書房

はじめに

櫻井よしこ（国家基本問題研究所理事長）

「政軍関係」という、戦後の日本ではほとんど論じられてこなかったテーマについて、このたび研究会を作りました。わが国をめぐる国際状況が大きく変わり、かつてない危機に直面する状況下、自衛隊に真の意味での軍隊としての活動が求められるときが必ず来ます。

そのとき、政治は軍にどのように対処すべきなのか。政治と軍の健全な関係はどのようなものなのか。旧軍のことを知っている方がずいぶん少なくなったいま、正しい政軍関係を構築していくにあたって学ばなければならないことが沢山あります。政治と軍が十分な意思の疎通をはかり、互いの特性を活かし、それをもって日本の国益に資するための知恵や制度について私たちはこの研究会で改めて認識することになると考えます。

日本国憲法は政軍関係を根本から破壊しました。政治と軍は異常な関係の中に置かれ、歪な国家が生まれました。このままでは自力でわが国を守り通すことはできません。また、わが国は永遠に米国の被保護国であり続けます。わが国の軍をめぐってはあらゆる面で他国と比較にならない厳しい状況があります。こうしたことを踏まえ、戦後日本の政軍関係を、考え方、制度、政策の全てにおいて一新すべく、真剣に学び研究した結果が本書です。

最後に、当研究会が網羅すべき基本的論点を的確に示し、本格的な議論を促進した座長の田久保忠衛氏に心からお礼を申し上げます。各論者の報告をまとめた堀茂、黒澤聖二両氏、全体の進行を支え、出版に漕ぎつけた並木書房社長の奈須田若仁氏にも、心からの感謝を捧げたいと思います。

研究会設立の趣意

田久保忠衛（「政軍関係」研究会座長）

この研究会は櫻井理事長から特にやるべきだというご意見があり、これに応じて行動を起こした次第です。

まず設立の趣意を簡単に申します。戦後の安全保障問題の転換点は、第一に安倍政権の時代にあります。この時代に国家安全保障会議（ＮＳＣ）ができて、安保法案が成立するなど安保政策上、数え上げるとこれほど大きな業績を上げた内閣はないだろうと、私は大変高く評価しています。

次に国際情勢の大変動です。中国、ロシア、北朝鮮の三核武装国を目の前にし、その中で中国の台頭があり、これまで米英が中心になって戦後作ってきた国際機関などによる国際秩序が機能不全の状態になっている。これが第二の特徴です。

それから第三にアメリカの相対的衰退というのが、歴然としてあると思います。

この世界一の悪環境下で日本は一体どう対応するかということです。誰でも言うのが防衛力の強化、そのため防衛費を増やす。それから日米同盟で抑止力を高めるという当たり前のことです。

しかし、そういうことで問題が解決できないほど大きな問題を我々は抱えていると思います。それは「政軍関係」です。戦前の軍隊、つまり日本陸海軍は天皇の統帥権の下にありました。統帥権とは明治憲法下における軍隊を指揮監督する最高の権限のこと。これは後で説明しますが、世界でも特異なことでした。

精強な軍隊としての本質は天皇の統帥権、天皇の軍隊というところにあったということです。私はファナティックな右翼的立場では毛頭なく、単なる事実を申し上げているだけです。

さて戦後は天皇の地位がガラッと変わり国民主権となりました。すると自衛隊もこれは当然ですが、政府の国会答弁で、通常の軍隊でないと見なされたし、いまでも軍隊でないと強弁している向きもあるようです。ここに日本は大きな問題を抱えていると思います。マッカーサー・ノートにあった自衛のための軍隊も許さないという、呪縛のような影響力がまだ残っていると思うからです。

いちいち申し上げたらきりがないのですが、1978年に週刊誌で「超法規的発言」をして、当時の栗栖弘臣統幕議長が事実上解任された栗栖事件がありました。栗栖さん自身は「解任」でなく「自分が辞めたんだ」と言っています。それは栗栖さんが正しいと思います。栗栖事件は今は忘れているか、知らない人が多いようですが、政軍関係上すこぶる重要な事件でした。

彼の話の中でソ連から亡命してきたベレンコ中尉が登場します。「ソ連を逃げるときは、いつ殺されるかと思った。日本のレーダー網に入った途端にホッとした。これで俺は安全だ」とベレンコは言っています。こんなことでいいのか、というのが栗栖さんの言いたいことでした。そして、ここから少しでも自衛隊は進歩したのだろうかということなのです。

前述したように天皇の地位が変わるとともに、戦前の軍隊のシステムから、自衛隊は一変しました。そうすると今後、自衛隊を国軍化する場合、どういう道を進めばいいのか、ということです。

わが国の国体は、天皇制というとマルキシズムの言葉になりますので、皇室のご存在と申し上げますが、世界で例をみないユニークな日本のみの現象です。これを健全な立憲君主制とした国体により、新しい国軍ができてしかるべきではないかと思うのです。

私が結論を言うより、皆さんからお教えを受けたいと思うのですが、たとえばイギリスが戦争に入ったとき、戦争大権つまりは兵馬の権というのは、形式上は女王が持っておられます。実際の作戦、運営は首相、国防大臣が行ないますが、日本もこれに倣ったらいいのではないでしょうか。場合によっては、イギリスより優れたシステムができるかもしれないと考えているのですが、これはこれからの議論を通じて明らかになっていくでしょう。

ここではタブーをいっさい廃して、自由な知識人が自由な言論をするという趣旨で、この「政軍関係」の問題を論じていきたいと考えています。

研究のアウトライン

堀茂（「政軍関係」研究会座長補佐）

座長の田久保先生を補佐させていただきます堀茂です。進め方と各論をかいつまんで説明します。まずこれから検討すべきテーマを六項目列挙します。

一番目は、いまの実力組織としての自衛隊の実態と可能性および問題点、現行憲法内における自衛隊の役割とその限界についてです。

この中には、たとえば国民に国防の義務、それが本当に不要なのか。徴兵制というのは、いま政府の解釈では苦役になっているようですし、そういう国が民間防衛を含めてどうするかという問題を検討していきたいと思っています。

二番目は、最高指揮官としての総理大臣を補佐する制度と役割です。

田久保座長から説明がありましたが、安倍内閣でかなり長足の進歩を遂げました。つまり首相補佐官、ＮＳＣ、統合幕僚長、その他の総理大臣を補佐する制度ができましたが、そういう部分をもう一回、検証する必要があるのではないかと思っております。

三番目は、軍政組織としての防衛省と軍令組織としての自衛隊、両者の整合性ということです。

現在、わが国では防衛省は一般行政組織の中におりますので、いわゆる実動部隊、各部隊、これは完全に防衛省の下部組織としてありますが、諸外国を見ますと、やはり少し違う位置づけです。国の権力は司法、行政、立法と三権分立しておりますが、国防軍はそれに準ずるようなかなり独立性の高い組織だと思います。そのあたりも検討する必要があると思います。

四番目は、文民統制です。文民統制は政軍関係の中核的問題になるのですが、わが国で文民統制という言葉は誰でも知っています。マスコミも政治家もお使いになると思います。では、一体誰が誰をどう統制するのか。統制の主体は政府なのか、それとも議会なのか。

アメリカなどを見ると、議会上院が軍事委員会で政府とは別に軍人をヒアリングして、積極的に統制している実態が見えます。そういう意味でわが国の文民統制の制度と実態を考えていきたいと思います。

2022年1月からスタートした国基研「政軍関係」研究会。月1回ほどのペースで各分野の専門家を講師に招き、毎回活発な議論が行なわれた。

五番目は、法的問題です。自民党議員のご努力で現在、平和安全法制とか、法的整備は着々と進んでいますけれども、依然、防衛省設置法と自衛隊法というものがあり行政法規で規律されますので、他国のような軍事行動ができないというところは問題だと思います。この辺も議論していきたいと思っています。

六番目は、天皇と自衛隊です。これは本当に論壇とか、マスコミでも、ある意味ほとんど議論されていない問題です。むしろ無視されているという状況です。それに触れることはタブーになっているようですが、政軍関係を我々が考察する上で国家元首の役割というものは文民統制同様、非常に重要なファクターであると思います。

アメリカとか、フランスのように共和制国家においてはご承知のように大統領が国家元首ですので、政軍関係というのは政治の側と軍事の側という二極関係に集約されます。他方君主国においては、すべからく国王の統帥権が担保されております。イギリスもオランダもベルギーもそうです。スウェーデンはちょっと違いますが、ほかの君主国は皆そういう形になっています。

軍は国王に忠誠を誓うわけです。これは国王個人というよりも国王に代表される国家総体という意味であると私は思います。我々の言葉で言えば国体です。さきほど田久保座長が言及された国体のことです。

たとえば宣戦布告は、本来、国家元首がなすべきものであり、行政の長である総理大臣はできないのです。これはほかの行政手続きも同じですが、やはり陛下の御名御璽（ぎょめいぎょじ）をいただいて布告せねばなりません。特に国家の死命を決する死活的な問題である戦争、国家の命運を懸けた戦いというものは実質的な国家元首が関与しなければ、ありえないと思います。

軍隊が生命を的として戦うというのは単に政治の行政命令だけでは戦えません。やはり国民に支持されないと戦えない。これだけでも、やはり天皇と自衛隊というものは非常に密接につながっていなければならないということは明確だと思います。

つまり陛下、天皇の統帥というものは不可欠なわけです。これはもちろん統帥権があるからといって実際に技術的作用として陛下が用兵、作戦指揮をするわけではありません。明治憲法下でも、政治家、軍人が天皇をサポートする輔弼（ほひつ）、輔翼（ほよく）というものが必要でした。

ここで申し上げたいのは、いわゆる精神作用のことで、忠誠あるいは忠節ということです。やはり軍人は大統領や首相のために命を賭すことはできません。政府のためには死ねません。軍人は国家に奉仕するものなので、極論ですけれども軍隊の究極的価値というのは、誰のために死すべきか、死ねるかということだと思います。

ですから天皇統帥と文民統制は決して矛盾しないと思います。むしろ文民統制を強化することになるはずなのです。なぜかというと天皇統帥を明確にすることは軍隊の政治志向というものを抑制して、より中立的な立場を強固にするからです。

以上が本研究のアウトラインになります。

なお、文中の講師および質疑応答出席者の経歴・肩書きは研究会開催日時点のものです。

目次

第5章 軍事力行使をめぐる米国の政軍関係

――揺れ動く文民統制（講師：菊地茂雄）

第6章 「栗栖事件」再考　298

——日本的「政軍関係」の原点（講師：堀茂）

［講師略歴］

田久保忠衛（たくぼ・ただえ）第1章担当
1933年（昭和8年）生まれ。早稲田大学法学部卒。時事通信社入社、ワシントン支局長、外信部長、編集局次長などを歴任。杏林大学社会科学部教授（国際関係論、国際政治学）、社会科学部長、大学院国際協力研究科長などを経て、現在名誉教授。法学博士。国家基本問題研究所副理事長。日本会議会長。正論大賞、文藝春秋読者賞を受賞。産経新聞社の「国民の憲法」起草委員会委員長を務めた。著書に『戦略家ニクソン』（中公新書）、『新しい日米同盟』（PHP新書）、『米中、二超大国時代の日本の生き筋』（海竜社）、『激流世界を生きて』（並木書房）、『憲法改正、最後のチャンスを逃すな』（並木書房）など多数。

河野克俊（かわの・かつとし）第2章担当
1954（昭和29年）年北海道生まれ。1977年に防衛大学校機械工学科卒業後、海上自衛隊入隊。第3護衛隊群司令、海上幕僚監部防衛部長、護衛艦隊司令官、自衛艦隊司令官、海上幕僚長などを歴任。2014年、第5代統合幕僚長に就任。三度の定年延長を重ね、在任は異例の4年半にわたった。2019年4月退官。現在は川崎重工顧問。著書に『統合幕僚長　我がリーダーの心得』（WAC）がある。

黒江哲郎（くろえ・てつろう）第3章担当
1958年（昭和33年）山形県生まれ。東京大学法学部卒業後、防衛庁（当時）入庁。防衛政策局次長、運用企画局長、大臣官房長、防衛政策局長などを経て、2015年に防衛事務次官に就任。2017年7月退官。国家安全保障局国家安全保障参与に就任。現在は三井住友海上火災保険顧問。著書に『防衛事務次官　冷や汗日記　失敗だらけの役人人生』（朝日新書）がある。

浜谷英博（はまや・ひでひろ）第4章担当
1949年（昭和24年）北海道稚内市生まれ。国士舘大学大学院政治学研究科博士課程を経て、1993年同大学日本政教研究所教授、1997年から松阪（現・三重中京）大学現代法経学部教授、図書館長、大学院研究科長などを歴任し、現在、同大学名誉教授、防衛法学会名誉理事長、比較憲法学会名誉理事。専門は憲法、比較憲法、防衛法。PKO協力法、周辺事態法、テロ対策特措法、国民保護法などの国会公述人や参考人を務める。著書に『国家の危機管理』(共著、海竜社)、『災害と住民保護―東日本大震災が残した課題 諸外国の災害対処・危機管理法制』(共著、三和書籍)、『米国戦争権限法の研究』(単著、成文堂)、『要説国民保護法―責任と課題』(単著、内外出版)、『有事法制』(共著、PHP研究所)、『早わかり国民保護法』(共著、PHP研究所)、『日本の安全保障法制』(共著、内外出版)、『エレメンタリ憲法』(共著、成文堂)など多数。

菊地茂雄(きくち・しげお) 第5章担当
1968年(昭和43年)兵庫県神戸市生まれ。1991年筑波大学国際関係学類卒業、1991年ジョージ・ワシントン大学エリオット国際関係学部修士課程修了。1991年防衛庁防衛研究所採用。内閣官房副長官補(安全保障・危機管理担当)付参事官補佐、グローバル安全保障研究室長、社会・経済研究室長、防衛研究所中国研究室長等を経て、2023年4月より、防衛研究所政策研究部長。専門は、米国の国防政策、軍事戦略、政軍関係。防衛研究所編『東アジア戦略概観』において米国章執筆を担当した他、論文に「中国の軍事的脅威に関する認識変化と米軍作戦コンセプトの展開」(『安全保障戦略研究』2022年3月)、「沿海域作戦に関する米海兵隊作戦コンセプトの展開」(『安全保障戦略研究』2022年8月)、「軍事作戦をめぐるホワイトハウス=国防省関係」(『防衛研究所紀要』2019年3月)、「ジョージ・C・マーシャルと米国の政軍関係」(『軍事史学』2016年6月)などがある。

堀 茂(ほり・しげる) 第6章担当
1956年(昭和31年)東京都生まれ。立教大学経済学部卒、杏林大学大学院国際協力研究科博士課程修了。専門は、政治外交史、軍事史、政軍関係、政治思想。論文に「『長閥』の数値的実態に関する一考察」(『軍事史学』2007年6月)、「帝国陸軍『革新』志向諸グループと反『長閥』運動」(『軍事史学』2008年9月)、「林銑十郎内閣成立過程における陸軍部内の権力構造についての一考察」(『政治経済史学』2011年10月)、「内務官僚の陸軍中堅幕僚への近接について」(『政治経済史学』2012年5月)、「斉藤実内閣期文官分限令改正後の官僚の『変容』について」(『政治経済史学』2014年2月)など多数。現在は国家基本問題研究所客員研究員、日本経綸機構代表理事代行を務める。著書に『昭和初期政治史の諸相』、『天皇が統帥する自衛隊』、『「無脊椎」の日本』(いずれも展転社)がある。

第1章　天皇と自衛隊

——元首としての「天皇」と国防軍としての「自衛隊」

講師：田久保忠衛（国基研副理事長）

統帥権の独立がもたらした悲劇

まず「統帥権の独立」、これがもたらした悲劇は大きいということをご説明します。日本の悲劇は昭和の初期から大東亜戦争に至るまで、何によってもたらされたのか。きっかけはやはり統帥権の独立問題だったのではないかと思います。

統帥権とはご承知の通り、大日本帝国憲法第11条で「天皇ハ陸海軍ヲ統帥ス」と定められた軍隊を維持管理する「軍政」と、軍隊の作戦運用をする「軍令」事項の権限を指します。軍隊の維持管理をする軍政事項は、第12条「天皇ハ陸海軍ノ編成及常備兵額ヲ定ム」で規定されました。ただ軍政と軍令を確定することは難しく、たとえば日本が外国と条約を批准する際、軍縮は軍令事項なのか軍政事項なのかということが問題になったのです。

この統帥権の問題は、1930年（昭和5年）、列強海軍の補助艦艇保有量を制限する目的で開かれたロンドン海軍軍縮会議で表面化します。会議では元総理の若槻禮次郎が全権で調印してきました。その8年前のワシントン海軍軍縮会議で主力艦の削減をやりましたが、このロンドン海軍軍縮会議は海軍にとって全く満足すべきものではなかったのです。

この問題を軍人ではなく政治家が取り上げますが、それは鳩山一郎、犬養毅の二人が著名です。この二人が議会で、若槻全権は軍令事項の統帥権を干犯（かんぱん）したのではないかと騒いだのです。

つまり若槻全権以下がやる仕事ではない（軍政事項ではない）のに、調印してしまった。これは許せないということで大変な問題になったのです。ついに当時の浜口雄幸首相は東京駅で佐郷屋留雄に暗殺未遂を引き起こされる大事件に至ったわけです。

この銃声一発が以後の日本の歴史を暗くしたと思うのです。以後、何が起こったか。片方が統帥権干犯だというと、もう片方は冗談じゃない。そう言う方こそが統帥権干犯だといって大騒ぎ。これはみなさん、よくご存知の通りでございます。

それから軍が突っ走っていく。これは１９２８年の張作霖の爆殺（日本の関東軍による暗殺事件）や１９３１年の満洲事変（日本軍が中国東北部占領を企図した中華民国との紛争）がそうです。それから１９３２年の五・一五事件（海軍青年将校による反乱）や１９３６年の二・二六事件（陸軍青年将校らによる反乱）もそうです。１９３９年のノモンハン事件（満洲とモンゴルの国境線紛争）もそうです。こういう一連の事件があって、その結果が大東亜戦争突入という時系列になった。実に統帥権干犯事件の与えた波紋は大きく、かつ深刻であったということであります。

ところが、こういう動乱の前の日露戦争や、あるいは明治時代から大正の中期まで、比較的日本の政軍関係はうまく運営されていました。

たとえば日露戦争の頃ですが、明治天皇を中心に、その周辺には五閣僚ならびに五元老がおりました。五閣僚というのは首相に大蔵大臣、海軍大臣、陸軍大臣、外務大臣、この五人でありま す。五元老というのは伊藤博文、井上馨、大山巌、松方正義、それから山縣有朋の五人が元老でありました。ここに私は重大なヒントがあると思うのです。

この元老五人からすれば首相以下の閣僚五人は、表現は悪いがチンピラですよ。元老五人は幕末の時期、白刃をかいくぐってきた武士で、優れた政治家です。すなわち、政と軍の両方を兼ね備えた人たちが元老として国際問題を、かなり広い視野で扱ってきました。決断も確実でした。

明治天皇一人でそんな大きな仕事がおできになるわけがない。お手伝いしたのはこの五人の元老だと私は思います。実際に日英同盟、日露戦争の御前会議にも元老は直接関与しました。

私は瀬島龍三さん（旧陸軍出身で中曽根元総理の顧問を務めた）に非常に可愛がられて、いろんな話を聞きました。瀬島さんがまだお若かったときにハーバード大学で2時間から3時間くらい講義し、それが『大東亜戦争の実相』（ＰＨＰ研究所、１９９８年）という書籍として出版されています。その中でこういうことを言っているのです。

「戦後の日本にはいろいろなファクターがあるだろう。戦争に負けた。これがいちばん大きいけれども、内部的な要因もある。それは国の権力が首相、外相、海相、陸相、それに参謀本部、五つに分かれて、これが次第にバラバラになる。この五つを見事にまとめていたのが元老であって、この元老が次々に死んで、最後に西園寺（公望）さんだけになった。次の内閣を指名するくらいの権限しかなくなってしまった。この人が亡くなったのが大正末期で、ここから悲劇が登場する」という。私は非常な感銘を持ってこの話を伺ったことがあり、なるほどと思いました。大木の中心が細かく分断されていって、巨木が崩壊するのです。

天皇の統帥大権

そこで天皇の統帥大権についてです。軍人精神の粋が盛り込まれた軍人勅諭は次のようにあります。「我國の軍隊は世々天皇の統率し給ふ所にそある」（明治15年1月4日、『陸海軍軍人に賜はりたる勅諭』）

これは中世から日本の権力機構というのは皇室の権威と武家の軍事力、すなわち権威と権力の両方に分化してきました。これを元に戻すというのが軍人勅諭の精神です。

つまり天皇直結の軍隊ということなのです。この軍人勅諭には副署がない。普通の勅令には副署、首相以下がサインをします。それが軍人勅諭にはない。ということは天皇のお言葉が直接、軍人に渡るということです。これで上官の命令は天皇の命令で天皇のために一命を投げうつという、世界一の精強な軍隊ができた。強い軍隊の秘密はここにあったのだと思います。

さきほど堀茂座長補佐が西欧の国王について触れましたが、日本の皇室とは全然違うということです。西欧の王様は民を支配する征服王です。日本の皇室は民のために祈る祭祀王です。この相違をわきまえないと、とんでもない間違いを犯すことになると思います。

たとえば昭和天皇の例です。1928年（昭和3年）の陸軍大演習の際、天候が悪化して、天皇が一時、離席された。その後、軍演習部隊の前に出てきて言われたお言葉は「兵は無事だったか」と。要するに兵が第一番なのです。

昭和天皇は、側近の一部首脳をあまり信用しておられなかった。特に一部陸軍のトップ連中のことは非常な疑い、猜疑心を持って見ておられたのではないか。ただし兵は非常に可愛がっておられた。

瀬島さんの話に戻りますが、彼が大本営の中尉だったときに参謀総長に書記係として従っていたそうです。参謀総長が上奏のため陛下に会ったとき、彼は新聞記者と同じように、車で待っていたそうです。そして、参謀総長が陛下と話したことを書き留めて、参謀本部に戻り、これを清書して幹部に提出する。これが大きな仕事だったそうです。

ある日、アッツ島玉砕（1943年、米軍の猛攻で日本軍アッツ島守備隊が全滅）のとき、上奏された杉山参謀総長が車の中でもじもじしている。それで瀬島さんがちっちゃい声で「閣下、何かございましたか」と言ったら涙を拭いている。玉砕を上奏したら陛下は「至急電報を打て」という。電報を打つといっても暗号機はすでに破壊されておりますと申し上げたら「それは関係ない」と言われた。労い（ねぎらい）のお言葉を何としても伝達なされたかったのです。

つまり昭和天皇はそれほど一般の兵卒を信用しておられたということです。陸軍、海軍を問わず旧日本軍の強さの秘密はここにあったのだと思います。

この「忠勇無双のわが兵」、つまり天皇大権のもとにあった軍隊がめちゃくちゃに強かったことは、これは紛れもない事実だったろうと思います。これが戦後なくなってしまい、あとはどうなったのかということが問題なのです。

自衛隊の出自

さていまは自衛隊になったのですが、出自を思い出していただきたい。これは１９５０年に警察予備隊、１９５２年に保安隊、１９５４年に自衛隊となります。そもそもは警察力の強化ということで始まったのです。ＧＨＱ（連合国軍最高司令官総司令部）の狙いもそこにあったに違いないのです。それがこのまま現在に至ってしまったところに、私は大失敗があったのではないかと思うのです。

つまり自衛隊の出自を見れば明らかで、法的には警察法で規律される存在なのです。

国家には立法、司法、行政の三権がありますが、もう一つ国防のための軍隊という中立の組織が必要です。これが戦後の自衛隊では独立した国家機関じゃなくて行政機関になっている。防衛省の職員で精強な軍隊が成立するのかということです。

それから自衛隊に対してシビリアン・コントロールが必要だといわれますが、防衛省の職員の地位にある人に対して誰がシビリアン・コントロールをするのか。そんな必要があるのかということです。それが日本では、乱暴な言い方になりますが、これまでも何回も自衛隊の自由を奪って、なるべく戦えないような軍隊にしてきました。そんな自衛隊にシビリアン・コントロールなんて、私はナンセンスだと思います。

警察は行政機関です。行政機関であればポリティカル・コントロールとか、シビリアン・コントロールは要らないはずです。いまの自衛隊は特殊なもので国内的には軍隊ではないけれども国際的には軍隊と見なされる。これは政府答弁にもあります。これに従って、あるときには軍隊みたいな、あるときには軍隊でないような、妙な存在になってしまった。つまり国家の権能に第四権がスポンと抜け落ちて、自衛隊という非常に正体不明な存在ができたのです。

さらに申し上げれば、こういうシステムをとっているのは日本だけであってほかの国には例を見ないということです。どうしてこれがなかなか問題にならないか。問題になるのは法体系の議論のときです。ネガティブ・リスト（原則許可、一部禁止）かポジティブ・リスト（原則禁止、一部許可）かが問題になったときです。

警察が何かやる場合には法律が必ず要る。したがって、これはポジティブ・リストであるはずです。軍隊は、いつ何が起こるかわからないから、そのつど法律を作っているわけにいかない。だからネガティブ・リストでなければならない。

ところが自衛隊ではこれができていない。警察と同じ法体系にあるからで、私はこれが非常に残念でならない。自衛官にとっても非常に気の毒だと思い、個人的には20代の後半からずっと頼まれもしないのに自衛隊の応援団をやっているわけでございます。

以上、申し上げたことで私の言いたいことは大体尽きるのですが、この軍隊と警察の相違については、元外交官で国際法の大家である故色摩力夫（国家基本問題研究所の客員研究員）先生が詳しく、色摩さんの『日本の死活問題』（グッドブックス、２０１７年）に、警察と軍隊の相違が書かれています。これほど平易に書いてある本は見たことがないほどです。

防衛法制がポジリストのままだと、自衛隊がいざテロ対策で中東に行くという場合にテロ対策特別法案を時限立法で出さなきゃいけない。立法には時間がかかります。時限立法で、たとえば2年という派遣期間が経過すると、それで終わりになる。今度の安全保障法制で、これが半ば恒久化されて、自衛隊にとってはいいことになったなと思います。

軍隊と警察の違い

それから軍隊と警察の本質的な違いというのは、色摩さんの本からの引用ですが、軍隊は政権とは一線を画すプロの集団です。国際政治学の泰斗、サミュエル・ハンチントンの名著『軍人と国家』（原書房、1978年）に詳述されているようにプロの集団で国家機関です。

ところが警察は時の政権そのものです。政府との距離はゼロ。警察は軍隊とここが違う。軍隊はやはり政権と一定の距離を保つものです。

韓国憲法第5条には、国軍は国家の安全保障と国土防衛を使命とするとあります。さらに軍隊は政治的中立であると書いてあります。時の政府に左右されないということをきちっと規定している。これが良いか、悪いかは別にいたしまして、軍隊の性格がここに表れています。警察とは違います。持っている武器が違うとかいうのではなくて本質的に違うということです。

それからポジティブ・リスト、ネガティブ・リストの法体系の違いがあります。自衛隊がポジティブ・リストだと非常のときには何の役にも立たず、実際、役に立ちにくい法体系になっています。これは最も残念なことであると思います。

それから軍は仕事が大体二分されている。一つは軍政、アドミニストレーションで、もう一つは軍令、オペレーションです。

オペレーションの最高トップは、誰が何と言おうが自分の意見は貫かなければいけない。ただし文民統制で最終的な判断は政治家だということは、きちっとルールにしておかなければいけないけれども、戦いにおいて怯むようなプロフェッショナルでは困るということです。

自衛隊が軍隊になる条件

講演のまとめに入りたいと思います。結論を出すのは非常に難しいのですが、わが皇室がこのままのご存在でいいのか、あるいは少し性格が変わるのか、ということです。そして自衛隊が軍隊として皇室とどう結びついていくのか、結びつかないのかということです。

自衛隊が軍隊になるための理想は元首に直結することです。さきほど申し上げたように、イギリスが戦争をするときはエリザベス女王の大権発動という形をとります。戦争は政治家と軍人がやるのですけれども、トップは女王です（2022年9月8日崩御し、チャールズ皇太子が国王に即位）。王室は皆、軍歴、軍籍を持っておりますし、国を守るということに対して王家が先頭に立っているということなのです。

日本も理想はイギリス王室のようになるべきか、それとも、いまのままでいいのか、これはこれからいろいろ議論するなかで出てくる問題かもしれません。

さて、シビリアン・コントロールを「文民統制」としたのは誤訳だというのは色摩さんの指摘です。正しくは「政治統制」ではないかというのです。

たとえば、1950年の朝鮮戦争時、現地司令官のマッカーサーは、鴨緑江の向こうにいる中国軍に原爆を一発ぶち込めと主張しました。これは朝鮮半島内に戦争は留めるべきというトルーマン大統領の方針と真っ向から対立したわけです。

当時マッカーサーの勢いはもの凄く、国民的人気もあって、大統領たりといえどもワシントンに呼びつけることができない。それでトルーマン大統領はウェーク島に行って会談をやるが、マッカーサーは言うことを聞かないので、すぐさま司令官解任です。これこそがシビリアン・コントロールです。見事なものだったなと思います。これは共和制の大統領の持つ強力な権限と思います。

それからフランスです。第二次世界大戦のとき、宰相のダラディエがドイツ軍に攻められた際、中近東軍総司令官のウェイガン将軍に最終的な判断を問います。するとウェイガンは、我々プロが見てもかなわない、この辺で矛を収めて降参すべきだと言う。そうしたらダラディエは、そうした発言はやめたまえ、軍事判断だけを聞いたのだ。最終判断は俺がやる。これがシビリアン・コントロールの一つの型だと思いますし、政治がコントロールしています。

2021年、私が産経新聞の「正論」に書きましたが、第二次世界大戦のときのイギリスの参謀総長アランブルック卿の日記をもとにした『参謀総長の日記』（フジ出版社、1980年）という書籍があります。これを読むと、アランブルック参謀総長がチャーチル首相といかに緊密な「政軍関係」を築き、密接な連絡をとりながら、ともに汗を流していたかがよくわかります。

一例ですが、参謀総長がチャーチル就寝中のベッドルームに参上すれば、首相は眠い目をこすりながらでも密議を凝らすのです。これがあるべき「政軍関係」です。

ところが日本ではどうでしょう。民主党政権時、菅直人首相は、統幕長と陸海空三軍の長を前にして、「僕が自衛隊の最高指揮官というのが初めてわかった」と言うのですから、レベルが全く違う話です。

橋本龍太郎（元総理）さんだったと思いますが、「俺は自衛隊の幹部とこの間、ビールを飲んだ」と威張っていました。いくら一緒にビールを飲んだからって、これは「政軍関係」にはならないですよ。やはりチャーチル首相とアランブルック参謀総長のような関係にならないと、本当の意味の「政軍関係」はできないと思います。

以上、結論めいた話にはなりませんでしたが、このあたりで話を終わりにします。

大東亜戦争突入までの大失敗がありました。これは明治憲法の欠陥だと思うのですが、統帥権の天皇規定にも欠陥があって、誤った解釈を許してしまった。戦後はどうしたらいいのか。ここのところは、まだ誰も提案しないし、空白が続いたままです。

私の年齢では大東亜戦争があと2～3年続いていたら特攻隊だった。特攻隊員が最期に「天皇陛下万歳！」と叫ぶ。しかし天皇陛下個人に「万歳！」と言った人はいなかったと思います。国の象徴である天皇陛下に「万歳！」を唱えたのであって、つまりは「大日本帝国万歳！」です。ですから、やはり国の中心になる元首は天皇であるということは、しっかり定めなければいけないと思います。

以前、吉國一郎（元内閣法制局長官）さんが国会答弁（1973年）で言っていたことですが、天皇が元首であるかないかを非常に曖昧にしてきたから、いまでも元首と言うのをためらう雰囲気があるというのです。教科書検定では、日本は立憲君主国家と書いてはいけないのだそうです。国の形をはっきりさせないまま、グニャグニャッとしているのが、いまの状態だと思います。総理大臣が元首になった際、「○○総理、万歳」と呼ぶに値する人物がいるかどうか。

私は、国際情勢のX軸とY軸の中で、日本という国家を確立させるためには、国体をしっかり明示しておかなければいけないと強く思っています。

【質疑応答】

日本は有事の裁判を想定しない

太田文雄（元防衛庁情報本部長）　田久保座長から天皇の統帥大権に絡めて、「軍人勅諭」のお話が出ました。軍人勅諭は旧軍の精神的な基盤でしたが、自衛隊OBとして一言申します。

自衛官の精神的な基盤は何かというと、「自衛官の心がまえ」になります。これは1961年（昭和36年）6月に制定されました。旧軍の軍人勅諭や外国では当然の「忠誠心」「武勇」「質実剛健」という言葉は入っていないのです。

自衛官の心構えは五項目あります。まず使命の自覚、二つ目に個人の充実、三つ目に責任の遂行、四つ目に規律の厳守、最後に団結の強化ということで、忠誠とか武勇はどこにも出てきません。

2021年、30万のアフガニスタン軍が8万の武装勢力タリバンによって、まさに雲散霧消しました。軍人勅諭に「忠節を存せさる軍隊は事に臨みて烏合の衆に同かるへし」という一節がありますが、まさにその通りで、忠誠心がない、戦う武勇や意思もない、しかも質素でなくて贅沢して賄賂ばかり受け取っているという軍隊であれば、数は30万あっても8万のタリバンにやられてしまうということです。

さきほど、田久保座長が「忠勇無双」と言われましたが、まさに忠節とか武勇とか、こういう言葉が自衛官の心構えになくなっているところは非常に残念に思っております。

木原稔（衆議院議員）　憲法との関わりにおいて、いまの日本には軍人という職種がないので、自衛官は国家公務員という話ですが、いざ戦闘行為になって他国の軍人を殺害した場合には、刑法上の殺人罪の構成要件に該当します。

これは国会の質問趣意書で政府が答弁していますが、その場合、殺人罪（刑法199条）の違法性が阻却され、刑法35条の正当行為として認められるという立て付けです。これではおかしいと思うわけです。

他方、英米などを見ると、軍人が他国の軍人と戦った結果、命を奪うことになっても、これは正義を成した英雄的行為ということになる。いまの日本と全く立て付けが違うのは、やはり軍人、軍事裁判所が日本にはないからです。自衛隊には過去そういう場面がなかったけれど、今後そういうことがあった場合には、彼らの名誉のためにも、軍事裁判所なりが必要と思うわけです。

つまり憲法第76条に「特別裁判所はこれを作らない」と書いてあるわけですが、もう一度考え直す時期かもしれません。軍人という職種を作り、そして、その表裏一体として軍事裁判所を作る、そして戦時の行為が正当に評価されるべきではないかと思いました。

黒澤聖二（座長補佐）　堀茂さんとともに田久保座長を補佐します黒澤です。かつて自衛隊で法務官をしていた観点から申し上げます。

木原先生から軍事裁判所は憲法76条で縛られて設置できないというお話がありました。まさにその通りだと感じています。憲法76条は特別裁判所の設置を禁じます。ですから自衛官の戦時の犯罪行為は平時と同様に刑法犯として一般の裁判所が裁くことになります。

戦時法システムに関する諸外国の規定はさまざまですが、有事の裁判を想定しない例はあまりないのではないでしょうか。正当な作戦行動としての射撃でさえ、国内の平時法規で規律され一般の裁判所の審判を受けるのはいかがなものでしょうか。これは検討すべき課題の一つです。

それから徴兵制のことも指摘しておきたいと思います。現状わが国は徴兵制をとれない状態にあります。憲法の縛りがあるからです。苦役を禁止する憲法18条が絡んでまいります。兵役を苦役と解釈することが本当に正しいことなのか。この辺も突破していかなければいけない問題ではないかと思います。

わが国が少子高齢化の先進国であることは疑いようのない事実で、いざというときに戦う人材を確保するにはどうすればいいのか、大きな政治判断が必要になる問題ではないかと思います。

薗浦健太郎（衆議院議員）　2022年は戦略大綱、中期防と非常に大事な年で、この防衛3文書で何を扱うか、立て付けをどうするか、いまのままでいいのか、いろいろ思うところがあります。私が補佐官（国家安全保障担当総理大臣補佐官）をするなかでいちばん感じたのは、そもそも自衛隊の組織が、いざとなったときに戦える体制なのかということです。

つまり総理大臣が自衛隊の最高指揮官でいいのですが、当然、統合幕僚長が官邸に詰めるとなったときに、陸海空の三軍、それぞれに司令官はいるけれども、まとめて宇宙やサイバーも含めて命令するのは誰か。いわゆる統合司令官がいないのではないかということです。

これについて元統幕長の河野克俊さんとお話をしたことがあります。河野さんがアメリカに行くと最高司令官もカウンターパート、幕僚長もカウンターパート、インド太平洋軍司令官も河野さんのカウンターパートになる。つまり、そもそも自衛隊は戦うための指揮命令系統になってないというのです。

官邸に首相と統幕長がいるのであれば、やはり市ケ谷に統合司令官がいて、陸海空の三軍を面倒見なきゃいけないのではないか。そういうことも含めて、いまの自衛隊が本当の意味でいざというときに戦える組織、体制になっていくには、何が足りなくて、政治の側で何ができるのかということを、今回の「政軍関係」研究会を通じて考えていきたいと思っています。

黒澤聖二　薗浦先生が言及された、河野克俊さんとお話をされたということですが、研究会で河野さんをお招きして詳しい話をお聞きする予定です。その際、自衛隊を戦える組織にするということに加え、「政軍関係」について深く掘り下げたいと思います。

統合幕僚監部は2006年に設置されましたが、その際に私が統幕法務官として勤務した経験では、背広組（内局）と制服組（自衛隊）には、いまだにある種のわだかまりが拭いきれていない状況がありました。いま現在はどうなったのか、そのあたりのことを河野さんから聞くことは、現場の「政軍関係」を知る上で、大事な点ではないかと思います。

政治が国を守るという気構えはあるのか

滝波宏文（参議院議員）　参加議員の中で自分だけが参議院なので申し上げます。さきほど、研究会のテーマ設定で堀さんが提示された「文民統制における政府の役割と議会」で、特に参議院の役割というところが心に残りました。アメリカの上院との比較で、あるいは長期的な部分のことかと思いましたが、そのあたりのご指摘をもう少し教えていただけたらと思いました。

堀　茂（座長補佐）　私が研究会のテーマを出すなかで参議院の役割と書いたのは、アメリカの上院を念頭にしたものです。上院はご承知のように最終的な軍人のポリティカル・アポインティー（政治任用）を承認し、政府と違う動きをするという観点です。

それが顕著なのは、アメリカでは軍人に問題発言とか、スキャンダルがあれば、糾弾されることが多いのですが、弁明の機会をアメリカ議会は憲法に規定します。議会には、軍人個人の率直な意見を聞く権利があるということなのです。

わが国は議院内閣制なのでアメリカとは違いますが、参議院はもともと良識の府として創設されています。いくら自民党優勢でも政府とは違った形であります。自衛官がスキャンダルとか、問題発言があって糾弾された場合に、弁明する機会はいままでほとんどなかったと思います。多くの場合、退官されて幕引きです。これからは、きちっと軍事の側というか、自衛官の意見や考えを政治家がよく聞いていただきたいと思います。

先ほど、田久保座長から栗栖事件の話がありました。その当時は、いっさい自衛官は発言するな、考えるな、動くなという形で、がんじがらめの状態でした。いまは多少よくなっているとは思いますが、根本的には変わっていない。そういうところを参議院が制度として政府と積極的に対峙する形でやって欲しいという意味です。

石川昭政（衆議院議員） 最後に座長の田久保先生がおっしゃったことは極めて重要だと思いました。それは菅直人首相（当時）が「初めて自分が最高司令官だとわかった」とか、村山富市さんのような方が総理大臣になるということも、これは民主主義国家だと十分あり得る話です。それはシビリアン・コントロールが前提であり、国のトップに立つ人間は立派で見識があって、国民の生命や財産を守り、国体を守り、天皇陛下のもとでやっていこうという気持ちのある方が総理大臣になればいいのですが、そうでない方も当然、生まれ得るということです。

日本国憲法を作った当時、前提としなかったものが長い歴史の中で現に起きたわけですので、そこを切り離して軍隊の運用というのはできませんが、おかしな形にならないようにコントロールする必要があります。

つまり権力の側が暴走することもあり得るということです。その場合に自衛隊、軍隊が自ら考えて行動しなければ、自制しなければならないということも、これからあり得るのかなと話を聞いて思ったところです。

それから警察と軍隊の相違の中で、同じ法体系にあるということをご指摘されましたが、全くその通りです。加えて自衛隊の行動、活動をする際に道路交通法に従わなければならないとか、高速道路を走るときに通行料金を払わなければならないとか、まだ法律的にクリアされていない部分がたくさんあります。ですから、もし万が一、地上戦になった場合にどのように運用していくか、警察法を乗り越えてできるような法体系にしなければならないのではと思います。

「国防軍としての自衛隊」

堀茂　シビリアン・コントロールについて田久保座長が言及された、色摩さんが文民統制は誤訳じゃないかと指摘された点についてです。確かにシビリアン・コントロールという言葉はアメリカの発想ですが、むしろシビリアン・スプリマシー（civilian supremacy）というほうが適切だと思います。

私の考えではアメリカというのは、もともとプロフェッショナルな軍隊を否定してきました。歴史的にはミリシア（militia）つまり民兵が主体でした。むしろプロフェッショナルな軍隊というのは危険だという発想です。これはジェファーソン、あるいはワシントン大統領の頃から、なるべく軍隊を小さくしろと言ってきたのです。プロフェッショナルな軍隊ではなく市民兵なので、それを統制するのも政治家ならぬ一般市民、つまりはシビリアンであるべきという発想ではないでしょうか。

ところが第一次世界大戦で軍隊がかなり膨らんでしまい、第二次世界大戦で最大１６００万人くらいになってしまって、戦後縮小はしたとはいえ、いまだ１４０万人以上いたわけです。だからアメリカ社会としては軍隊そのものをどうしたらいいかを考え始めました。サミュエル・ハンチントンが『軍人と国家』(The Soldier and the State)を書いたのはそこに執筆動機があったわけです。

ポリティカル・コントロールだけでは無理で、アメリカ社会全体を巻き込んで政治だけではなくて学者、ほかの社会も含めて全体で、軍隊というものを監視していこうとなった。そういう含意があって、広い概念のシビリアン、文民という曖昧で、日本語にない言葉になったのではないかと思います。

戦後、日本に警察予備隊ができたときにシビリアン・コントロールが必要だとアメリカ軍、GHQから言われました。しかし日本の旧軍人や行政側は理解できなかったわけです。

もともとアメリカは共和制国家で軍事と政治は二極対立でしたが、日本ではいままで必要なかったわけです。だから非常に混乱してしまった。戦争には負けたし、結局、軍人がまた統帥権を乱用して悪さをしないように〝文民〟を上に乗っけとけばいいとなった。たぶんそれが現在まで継続しているのだと私は考えています。

黒澤聖二　私が田久保座長の講話の中で触れていただいてよかったと思ったのは、「国防軍としての自衛隊」という表現です。

「国防」という言葉がどうもいまの日本社会の中で忌避されて使いづらくなっています。なぜか「軍隊」とか「国防」という言葉が使えないという現状が個人的に釈然としません。大学の講義やテレビのニュース解説を聞いていても、安全保障や防衛という言葉は聞きますが、国防という言葉は聞かれません。

元をたどれば、学説上の根拠などが出てくると思いますが、たとえば日米安全保障条約にあるのではないかなと個人的には感じています。日米安全保障条約のもと日米同盟が堅固であれば、日本の安全は保障されている、そういう言い方がされます。でも日本はアメリカの安全を保障するとは言わない。本当にそれでいいのでしょうか？　日米安全保障というのは、アメリカが日本に安全を保障してやっているよという一方的な、そういう認識で本当にいいのでしょうか？

本当は相互防衛条約でなければいけないのではないかと思うのです。ですから、これを何とかして国民の認識、意識、発想を転換できたら、自国の国防という言葉が生きてくる、そんなふうに個人的には思っています。

田久保講師　黒澤さんの言った安全保障という言葉、これは安保条約の最初からアメリカが日本を守ってやろう、安全を保障してやろうという、やはり上から目線というのがあったと思うのです。ですから米韓、あるいは米比は相互防衛条約になっていて、日本だけが日米安保条約ということなのです。占領国と被占領国の基本的関係です。

警察予備隊創設時から相互の関係をはぶいている。アメリカ占領軍、特に国務省の中の対日姿勢にあった「強い日本にしてはいけない」という戦争中の考えが、いまも少しは残っている気がします。「ウィーク（弱い）ジャパン」派です。その名残りがいま、大きな問題になってきているということだと思います。

一つ、申し上げたいのですが、たとえば読売新聞が憲法調査会を平成5年（1993年）にやって、それから1年くらいたったあとにブトロス・ガリという国連事務総長が日本に来ました。その前にニューヨークで「国連平和維持軍に日本は自衛隊を出せないのか」と言ったら、日本の特派員が「憲法があるから駄目だよ」と答えた。そうしたら「憲法があるから駄目なら、なぜ憲法を改正しないのか」と反論しました。来日後も同じような質疑がありました。

そのときニューヨーク・タイムズ紙が「お前たちはまだわからないのか。降伏文書に調印した国だからもう戦争はできない。平和を望むと言ったではないか」と、ものすごく高飛車の社説を掲げたのです。正確に引くと、「日本国憲法第九条は米国が書き取らせたもので、国権の発動としての戦争を禁じ、軍事力の保持を禁じている。米占領当局はその文言が、日本ならびに東アジアの多くに破局をもたらした軍国主義的外交政策の復活を阻止する、と希望した。日本国民はこの米国の趣旨を肝に銘じたはずだ」と述べた。さらに問題は次のくだりである。

「しかし、日本の右翼政治家たちは、尻ごみしがちな大衆を前進させようとしている。ガリ事務総長のような外国の要人が、国連活動に対して日本はもっと積極的な貢献をするために憲法をすぐさま変えろと言ったと彼らは大声を上げている」と指摘したうえで、「民主主義国家である日本の有権者たちが自分たちの憲法を変えようと、それは自由である。しかし、これら有権者たちは、理解力のある外国人で変化を求めている者はほとんどいないことを知る権利がある」と論じた。

米国人あるいは外国人は日本人に対してものを教える立場にあり、理解力なり知識のあるのは外国人で、ものがよくわからず、知識の不十分なのが日本の一般大衆だとの気持ちがあまりにも露骨に見えている文章ではないか。そこで気になるのは、改憲の議論を始めた人々がいることを「日本の右翼政治家たちは、尻ごみしがちな大衆を前進させようとしている」と述べたくだりである。（田久保忠衛『新しい日米同盟　親米ナショナリズムへの戦略』ＰＨＰ新書、２００１年）

そうしたら当時、民社党の参議院議員だった関嘉彦先生が「自分は河合栄治郎の門下、直系の弟子で、自由主義の信奉者である。ニューヨーク・タイムズは何というけしからんことを言うのか」と非常に怒られた。関先生は私が学生時代からお世話になっている人です。

それで私に命じて外国人記者クラブのニューヨーク・タイムズの支局長に面会を申し入れ、厳重な抗議をしたのです。そうしたら、出てきた支局長代理は答弁できなくなった。関先生は静かに笑って「それならいいよ。自分は昨夜、徹夜して英文で君たちがいかに間違っているかを書いたから、これを読者欄でいいから掲載してくれ」と。やっぱり堂々たるものだったですね。

いずれにしてもこれらの出来事は戦争の名残りというか、アメリカ人の中に、特にリベラルの人たちのどこかに残った境地だなと思います。

天皇元首を憲法に明記する

冨山泰（国基研企画委員）　今日の議論は自衛隊を軍隊、あるいは国防軍としてきちんと位置づけるべきだという話でしたけれども、それと同時におそらく天皇を国家元首として位置づけることも、同じくらい重要ではないかと思います。

国際的に見ますと天皇は事実上、国家元首として扱われていて、国家元首がやることになっているオリンピックの開会宣言も天皇陛下はやられていますが、国内的には曖昧なところがあります。私が憲法を学校で習った頃は、天皇が国家元首だという説もあるが、天皇はただの象徴だから、首相が国家元首ではないかという学説もありました。

日本の国内では事実上、天皇が国家元首だという扱いを受けているとは思いますが、これをきちんとしないと本来はいけないと思うのです。

ただ、いま行なわれている憲法改正論議でも憲法1条をどうするかという話は全然、含まれていなくて、天皇の扱いには触れない感じになるのは残念です。

田久保講師 非常に重要な点を冨山さんが指摘されました。日本の国のあり方に関する重要なテーマです。これを曖昧にしたままで日本は存在しているのが不思議議です。今日は統帥権という特殊な問題と天皇との結びつきがテーマなので、非常に発言が難しいと思うのですが、これをどこからか、ほぐしていかなければならない。その場合は憲法を改正し、やはり天皇を元首としていただかないといけないと思います。

天皇元首の明記を不明なままにして議論が進むと、何も具体的なものが形成されないのではないかと思います。

木原稔　国家元首論は確かに学説では多数あるわけですが、政府としてはある程度、整理はできています。たとえば各国大使が日本に着任するときには信任状を渡します。これを天皇陛下が捧呈（ほうてい）を受けるのです。信任状の受け取りは元首の仕事なので、世界中がそのように見ているし、日本政府もそういう位置づけでやっています。

ただ、憲法に元首という規定がありません。元首を規定するためには憲法改正をしなければならないが、事実上は元首という扱いをしている。ただワーディング（用語）が使えないだけで天皇陛下はいわゆる元首ということです。

太田文雄　少し視点を変えて各国海軍の事例から状況を見ることもできます。２０２１年秋にイギリス海軍の機動部隊が来ました。これはＨＭＳ（Her majesty ship）、「女王陛下の艦」という意味です。それにともなってオランダの軍艦も来ました。オランダはＨＮＳ（His Netherlands Majesty Ship）で、同じく国王陛下の艦です。そして北欧のノルウェーもＲＮＳ（Royal Norwegian Navy）、すなわち「王室の」と呼称します。アジアにおいてもタイ、ブルネイ、あるいはマレーシアの軍艦に王室を意味するロイヤルが付きます。そういった世界の常識から説いて、それでは日本はどうなのかという説得の仕方もあるのではないと思いました。

国として皇室をどのように守っていくか

田久保講師　日本は立憲君主制なのか、どうなのかということは、皆さん結論をお持ちですか？私は杏林大学の名誉教授ですが、現役の教授時代に法律関係の助教授連中にこれを聞いたら「いや、これは返事できません」というのです。「共和制か」と聞くと「いや、そうとも言えません」、では何なのだと聞くと「何だか、わかりません」となります。

　これと同じ質問を10年たってやったら、これまた同じですよ。「どうにもわかりません」と言うのです。これはどうでしょうか。天皇を元首というのと、日本国は立憲君主制だというのをきちっと決めないと、なんとなく国民の間にグニャグニャしたものが漂っている間は議論が進まないと思います。太田さんの言われたイギリス海軍の艦艇を意味する「女王陛下の艦」もそうです。皇室との関係はこのうえなく重要です。

櫻井よしこ（国基研理事長）　日本の議論は皇室に対してあまりにも腰が引けています。たとえばいま皇位継承を安定化させるために皇族の皆さん方の数を増やすことについて、立憲民主党のほうは野田佳彦さんが委員会の代表になると言います。しかし彼は女性宮家がないと言っているわけです。しかし男系男子がわが国の伝統であり、そのことはほとんどの方が納得しているわけですから、早く決着をつけないといけません。

そして皆さん、皆さんには縁のないであろう女性週刊誌を勉強のために読んでみて欲しいのです。皇室のことを、ここまで書くかというくらいにバッシングしています。自然と国民の皇室への否定的考えが少しずつ醸成されていくと思います。非常に害が大きい。

このような風潮に決着をつけるとともに、早く旧皇族家の方々の復帰、つまり養子縁組を可能にしていく必要があります。この内容は有識者会議の提案でもあります。そこに踏み込んで、解決を長引かせないことが大事だと思います。

日本は立憲君主か、天皇は元首かという議論はもちろん重要ですが、一般論として、国として皇室をどのように遇するか、守っていくかということも、同様に大事だと私は思います。

田久保講師　今日は特殊な問題でしたので、発言しにくかったかと思いますが、自民党の五元老ではなく、五人の先生方から貴重なご意見をいただきまして実りの多いディスカッションになったと思います。

櫻井よしこ　本日は第1回目です。さまざまな問題点が明らかになりました。それぞれ深く考えて、勇気を持って、この議論を進めて法制化につなげていくことが大事だと思います。これから一緒に勉強して、いったい我々が何をしなければいけないかというところまで進めていきたいと思っています。

（2022年1月19日）

【まとめ】天皇と自衛隊

現在においても、世界のほとんどの立憲君主国の国王は国軍の統帥権を有している。[1] 日英のごとく議員内閣制下の政治指導者は統帥者ではない。もちろん実務における指揮監督権は政治にあるのだが、統帥ということではない。国軍統帥は国家元首の専権事項であり、アメリカやフランスをはじめ共和制国家においても同様である。

では、国家元首の統帥と政治の指揮監督とはいかなる違いがあるのか。『岩波国語辞典』によれば、統帥とは「軍隊を指揮・統率すること」（軍隊の最高指揮権[2]）とある。また『防衛用語辞典』では「君主国、共和国を問わず、国の元首である君主又は大統領が掌握する[3]」権利とある。

帝国陸海軍は帝国憲法の十一条と十二条の規定により、国軍の統帥権は天皇にあり、政治は軍令事項に関与できないという解釈が後年、一般的となった。また、軍部大臣も文官ではなく現役の将官しか就任できない規定もあった。それでも、田久保講師の指摘のように元老という存在が、国務と統帥のリエゾン（橋渡し役）となり、政軍のバランスは保たれていた。それが崩壊するのは、元老が西園寺公望一人となってからである。

統帥権は、陸海軍の用兵作戦における自立性と自律性を担保するものであったが、後年、軍の恣意的行動を政治が統制・制御できない「貔貅（ひきゅう）」[4]と化した。しかも天皇の〝名代〟として作戦命令を出す参謀本部や軍令部は、天皇の「無答責」を自分らにも適用していて、〝魔法使いの杖[5]〟のように自由自在に振るうことができたのである。それが顕著となったのは、張作霖爆殺事件[6]以降である。

本来、国家元首、特に君主の統帥というものは、精神的なものである。実際の用兵作戦における指揮・監督ということではない。端的にいえば、君主は軍人が忠誠や忠節を尽くす対象としての統帥者である。国家にとって軍の存在が不可欠なら、軍は強くなければならない。では、その精強さを担保するものとは何であろうか。

国民の支持や最新装備も重要であるが、その決定的なエレメントが忠誠や忠節ということである。忠節とは死を日常としている軍人の名誉と矜持であり、軍の恣意的行動や政治志向を抑止する精神的担保でもある。帝国憲法下の『軍人勅諭』には「その隊伍も整ひ節制も正しくとも忠節を存せさる軍隊の事に臨みて烏合の衆に同かるへし」と記されている。

つまり、現代のように「文民統制」がいかに機能していても、忠節という概念が明確でない軍隊の精強さは担保され得ない。これは建軍の精神に関わる重要な問題である。では自衛隊とは、誰に忠節を誓い、何を守るための組織なのか。そもそも自衛隊に忠節や忠誠という概念は存在するのか、あるとすればそれは具体的に何であるのか。本来、国家元首と統帥の問題は避けて通れない問題なのであるが、これまでほとんど議論されてこなかった。

田久保講師も指摘されているが、厳密に法的問題としていえば自衛隊は行政組織なので、統帥ということには無縁である。だが、防衛出動下令された瞬間から軍隊となる組織でもある。だが、一行政組織が明日から軍隊でございます、と言ってなれるものではない。平時には自身の「自衛行動」が「殺人罪」に問われることもあり得るような環境におかれている自衛隊が、命令一下明日から国際基準の軍隊にいきなりなることは困難である。ここは、田久保講師が論じられているように、警察的ポジティブ・リストの組織と軍隊的ネガティブ・リストの組織の違いであり、自衛隊の限界が鮮明となる。

民主主義国家において政治優位や政治主導は所与であるが、軍は自らの所信を政治に直言することも必要である。いつの時代も政治家と軍人の対峙は不可避であるが、その結果としての政治決断を軍人が尊重することこそ、両者の信頼であり融和となる。

仮に天皇と自衛隊との関係において統帥というものが不要であるならば、自衛隊はこれからも警察的「行政組織」であり続ける。この含意は、用兵作戦まで政治の指揮監督下に入る「私兵」的存在ということである。軍は政治統制を受けるが、精神的統制の対象が政治家ではなく国家元首に向いているからこそ「私兵」とならないのである。

ある意味、軍隊の本質は「主」のために死ぬ組織と規定できる。だからこそ、彼らには死処を求める精神の高貴を担保する、つまりは安心立命するための心の拠り処というものが絶対に必要なのである。それが忠誠や忠節である。これは現代の民主主義国家の軍隊においても同様であろう。

自衛隊員が安心立命して任務を全うできるのは、国体の最高権威から発せられるもの以外に信じられるものはないだろう。国防という国家の存亡をかけた至高の任務が、単なる「行政命令」で済まされるわけがないことは自明である。総理大臣の出動命令だけで、得心して死地に就けというのはあまりに残酷である。まして、一政治家のために死する自衛官は皆無であろう。

ここで我々が「天皇と自衛隊」というテーマで議論することは、これまで誰も口にしない戦後最大のタブーに挑戦するという意味もあった。かつて三島由紀夫が「菊と刀の栄誉が最終的に帰一する根源が天皇」[7]と言い残したのは、軍隊の本質的要素である忠節や忠誠こそが軍の精強さを担保する決定的価値であるということを熟知していたからである。田久保講師が引用されているアッツ島玉砕の秘話は、帝国陸海軍の精強さの要諦が天皇への忠節の強さであり、同時に天皇も将兵への全幅の信頼と満腔（まんこう）の敬意に満ちていた証左でもあった。

（文責：堀 茂）

(1) スウェーデンは君主制国家だが、1974年の憲法改正で、国王の統帥権はなくなった。だが、国王は国軍の大将の地位にあり、国家元首として軍の儀式には参加している。
(2)『岩波国語辞典〈第5版〉』（岩波書店、1994年）821頁。
(3)『防衛用語辞典』（内外出版、2000年）331頁。
(4) 貔貅とは中国の伝説（『史記』五帝本紀）にある想像上の猛獣また軍人自身を指す言葉でもある。

（5）司馬遼太郎『この国のかたち〈四〉』（文芸春秋社、1994年）106頁。

（6）1928年（昭和3年）6月に奉天軍閥首領の張作霖が満鉄乗車中に何者かに爆殺された事件。当時関東軍は国民党軍の犯行としていたが、戦後になって関東軍河本大作大佐が主犯とわかる。

（7）三島由紀夫『文化防衛論』（新潮社、1969年）59頁。

第2章 最高指揮官を補佐する制度と役割

——総理大臣と統合幕僚長との関係

講師：河野克俊（元統合幕僚長）

草創期から自衛隊は警察組織

私が与えられたテーマを、総理大臣と統幕長との関係と解釈し、本日はそこに焦点を当てます。まず、いま生起している事象のみを追っても、議論が矮小化するだけなので、歴史的な経緯から申し上げたいと思います。

いまの自衛隊はいわば普通の軍隊と違う政軍関係にあるということを最初に指摘しておきます。元を正すと、自衛隊の誕生のいきさつから来ているのです。１９４６年（昭和21年）に新しい憲法ができて、陸海軍は法律上なくなります。実際、終戦から9年間は、軍事組織と呼べるものはありませんでした。

その間、朝鮮戦争という外的要因があり、連合国軍総司令官マッカーサーの指令で警察予備隊を１９５０年に作ります。この警察予備隊を募集するとき、旧軍の人たちが入ってくるわけですが、その当時はほかに人材がいなかったからです。これがご承知の通り発展して、１９５４年に陸上自衛隊になります。

海上自衛隊のほうは１９４８年にまず海上保安庁ができたわけです。その当時は朝鮮半島周辺で不法漁民が出没したり、朝鮮戦争の危機が高まり、不法入国者も大勢いたわけですね。その警備を昔は海軍がやっていましたが、海軍がなくなってしまった。日本は全くの無防備状態になっていたのです。だからその年に海上保安庁が作られました。

しかし１９４６年に、新憲法ができていたものですから、あえて海上保安庁は軍隊でないということを念押ししたわけです。海上保安庁法第25条で「我々は軍隊ではございません」と規定して、憲法と整合させたわけです。

そして、当時日本の周りには大量の機雷が敷設されており、それを処分するために、旧海軍の人たちを中心にして航路啓開部が海上保安庁の中にできました。これが分離・発展して海上自衛隊になったのです。だから海上自衛隊の源流は海上保安庁なのです。

最後に航空自衛隊です。旧陸海軍にはそれぞれ航空部隊があって空軍という組織はなかったものですから、陸海軍の航空部隊の方々が中心になって航空自衛隊を新たに編成して陸海空が揃いました。

したがって、まず自衛隊というのは、ほかの国とは異なり、警察の延長になります。憲法も法律もいっさい変更せず、警察の延長のままの形で自衛隊があるというのが、政軍関係にも響いているということなのです。

なおかつ警察予備隊を管理する立場の内局（内部部局）には、旧内務省（旧憲法下で内政を所管し強大な権限が集中した行政機関）の人たちが大勢入りました。たとえば後藤田正晴（自由民主党の政治家で副総理、法務大臣など歴任、旧内務省出身の内務・警察官僚）さんとか、それから海原治（旧内務省出身の内務・警察・防衛官僚）さんとか、名だたる人たちです。そういった内務官僚の人たちは、平たく言えば、徴兵で軍隊に引っ張られて帝国陸軍の二等兵として厳しい体験をしているわけです。

要するに、制服のやつらを金輪際のさばらせてはいけない、という確固たる信念を持たれた方が内局というところに入り、警察組織としての自衛隊を管理したわけです。

警察の延長だからポジティブ・リスト

それがどう影響するかといいますと、警察の法律というのは基本的に相手が自国民でありますから、警察がその権限を乱発したら困るわけです。したがって法律でもってやれることだけを書く、つまりポジティブ・リストといわれる警察法体系になる。国民を犯罪から保護する目的ですから、やたら鉄砲をぶっ放してもらっては困るわけです。

したがって、まったく自衛隊が動かないでいい、自衛隊は必要悪だ、という時代であれば、まだ通用したのですが、いまや新たな時代となり、さまざまな仕事をしてくれという状況です。その中で、自衛隊は警察法体系のままなので、新たな任務が発生すると、そのつど法律を作らざるを得なくなるのです。

たとえば9・11（2001年に発生したイスラム過激派によるアメリカ同時多発テロ事件）でインド洋作戦（2001年から2010年までインド洋で行なわれた海自艦艇による補給活動）をやろうとしたときにも特措法（テロ対策特別措置法及びテロ対策海上阻止活動に対する補給支援活動の実施に関する特別措置法）が必要になりました。

今度の平和安全法制の議論で、自衛隊の役割を拡大するために「我が国及び国際社会の平和及び安全の確保に資するための自衛隊法等の一部を改正する法律」、通称「平和安全法制整備法」という法律ができました。

また尖閣諸島周辺海域で自衛隊に警備行動をやらせようという構想があるように聞いていますが、これにも新たな法律を作ることになるわけです。

そうすると極端な話、隊員は『六法全書』を持って作戦、行動しないといけなくなる。これが諸外国と違う自衛隊の特色なのです。そのつど個別の法律を積み上げてきているものですから、自衛隊の行動体系が非常にややこしくなっているのです。

では、たとえばアメリカはどうだということですが、カーター大統領のときにイランで米大使館員が人質に取られた事件がありました（1979年にイランの首都テヘランで発生したイスラム革命防衛隊率いる暴徒によるアメリカ大使館占拠・人質事件）。アメリカ大統領は軍事力で人質を取り戻すための作戦にゴーサインを出しました。1980年のイーグル・クロー作戦です。作戦中の事故により結果的には失敗しますが、その際、人質救出特措法なんてものは作っていないわけです。

あるいは、9・11の後、米国はビンラディン（イスラム過激派組織の首謀者）を暗殺しました。その際ビンラディン暗殺特措法なんて作っていないわけです。イスラム過激派組織ISの指導者バグダディを暗殺したときにも特措法はない。これはすべて大統領の命令で、基本的に自衛権を根拠にやっているわけです。

軍というのは基本的にそういうことです。ただし軍が行動するには予算の執行がともないますから、議会の事後承認はいるわけです。ただ、議会がノーと言ったら引き上げないといけません。そういう仕組みになっているわけです。ここに根本的な問題が内在しているのです。

歪な政軍関係

いまから政軍関係の話になります。昔は軍令と軍政というのがありました。軍政というのは海軍大臣、陸軍大臣が政治と軍との接点を担うわけです。予算や、国内の他省庁との関係、その他さまざまな政治との関係が絡みます。動員計画であるとか、徴兵なども、軍政が取り仕切るわけです。

他方、軍令のほうは、陸軍は参謀総長、海軍は軍令部長（のちに総長）のもとで、作戦行動を一手に行なうという仕組みで、これを統帥権と呼びました。

裏を返せば、軍が政治に直接関与してはいけないよ、という効果を狙ったものなのです。ところが逆に、統帥権に政治は関与してはいけないという意味合いが色濃くなってしまい、戦前は変な方向にいってしまいました。もともとは、軍人は軍の行動に専念しなさい、政治には口を出してはいけないという発想だったということです。

それでは、現代の自衛隊はどうなのかということです。アメリカでは、大統領が直属の軍に対して命令を下して、軍が大統領の意向をくんで作戦行動をする仕組みです。ところが日本の場合、自衛隊の行動には細かい法的根拠が必要で、逐一行政が関与する仕組みになっています。一方、総理大臣が軍令事項を統括する統合幕僚長、各幕僚長に会うのは、それぞれがおそらく着任するときと離任するときだけだと思います。要するに自衛隊の最高責任者と意思疎通がないことが大きな問題の一つです。

一般に自衛隊を行動させる場合には法的な根拠、法的な解釈が優先されるので、政治指導部は行政のほうに頭を突っ込むことになります。話を単純化すれば防衛省内局と政治指導部が相談して自衛隊を動かすということです。だから自衛隊の幹部が直接、総理に指示を仰ぐということにはならないのです。

たとえば台湾有事は日本有事といいます。台湾有事であっても法律に書かれていること以外はできない、つまりポジティブ・リストなので、やれることは決まっているわけです。

第一に、台湾に事が起こってアメリカが介入する場合です。法律的に要件は決まっています。わが国に重要な影響を与える場合は「重要影響事態」という認定をして、そして自衛隊は米軍に対して補給支援などの活動ができることになります。

第二に、日本（自衛隊）が攻撃をされていないけれど、アメリカが攻撃された場合です。それを放置すれば、これも法律用語ですが「国民の生命、自由及び幸福追求の権利が根底から覆される明白な危険がある」ということが予想されれば、日本が直接、攻撃されていなくても防衛出動ができる。これは「存立危機事態」といい、限定的な集団的自衛権が安倍政権で認められました。

第三に、「武力攻撃事態」です。たとえば沖縄にミサイルが飛んできたら日本が攻撃されたわけなので文句なしで防衛出動ができます。

そしてここからが大事です。もし台湾有事が起きて日本有事になったときには、これは政治指導者が軍隊を統べて率いる「統帥」の世界に入るわけです。旧軍であれば当然そうなります。今の組織でいうと、政治指導者と自衛隊、制服組トップの幕僚長との間で、自衛権発動や具体的な作戦行動などに関して緊密にやりとりが行なわれるはずです。少なくとも米国ではそうなると思います。

ところが日本の場合どういうことになるか、私見ですが、予想してみます。

まず前述の三つの事態のどれに該当するかという判定をしなければいけない。おそらく国家安全保障会議（ＮＳＣ）でやることになると思います。まさにボンボン火の粉が飛んできている最中にもかかわらず、自衛隊がやれることはそれぞれ違うので、まず決めてもらわないと何も始まりません。

決めたら決めたで、国民への説明責任やら喧々囂々の議論が噴出。その間どんどんミサイルは飛んできているわけです。そのうちに、よくわからなくなったら「よし、法制局長官を呼んでこい」となる。

作戦行動が始まっても日本の場合にはこういうことが起こり得るわけです。ですから政治指導部は内局あるいは法制局のほうに顔が向くのです。それを受け、法的に整理したあと「あとは自衛隊がやれ」となるのです。

ところがアメリカの場合、先ほど説明したように、ビンラディンを排除する場合、大統領が直接、統合参謀本部議長と相談する。そこで作戦計画を練って、大統領の承認を得て、発動となります。

要するに自衛隊の作戦行動はアメリカなどと違い、行政にコントロールされているがゆえに、正規の政軍関係が難しくなっているのだと思うのです。

ただし安倍総理になられてから統合幕僚長は基本的に週一回、総理に直接会えるようになりました。報告者は統幕長のほかに、外務省総合外交政策局長と防衛省防衛政策局長などです。外務省の総合外交政策局長は外交上の話をします。続いて防衛省内局の防衛政策局長が、管轄している情報本部からの情報を総理に報告します。最後に統合幕僚長が、自衛隊の展開状況などを報告します。

そこに国家安全保障局長、内閣情報官、秘書官が陪席します。おそらくいまもこの形式が継続しているのではないかと思います。このように総理と統合幕僚長が話し、総理大臣が統合幕僚長の顔を覚えてくれるようになったのは画期的なことなのです。

ただ、直接統合幕僚長が総理官邸に電話をして、アメリカの統合参謀本部議長と話した内容を報告したいと思っても、そのルートは事実上ありません。私の場合、何回もお話ししましたが、一人で総理にお会いしたことは一回もありません。必ず文官が介在するというのが建前で、総理官邸との面会のアポイントメントも内局がとることになっています。

つまり自衛隊の最高指揮官は総理大臣なのですが、軍令事項のルートはこのようにアメリカなど諸外国とは違っているのです。

たとえば2022年2月にロシアがウクライナを侵略した直後、プーチン大統領がロシアのシヨイグ国防相とゲラシモフ参謀総長に核部隊を最高度の警戒態勢につけろという命令を出しました。そのときの映像が世界に配信されましたが、プーチン大統領から「おーい」と声をかけなければ届かないくらい離れた場所に国防相と参謀総長の二人が座っている様子に違和感を覚えました。映像を見るとプーチンの核の指示に全然乗り気でない顔をしている。私は直接二人と面識があるのでわかります。

大統領と軍の間に不信感があったのかもしれません。それでも軍の最高指揮官であるプーチン大統領は制服を着ている二人に直接、命令を出しているわけです。おそらく日本であれば、総理大臣が統合幕僚長に対して、直接ではなく、その横に必ず文官がいるという形式になると思うのです。

シビリアン・コントロールと文官統制

さて再び自衛隊が創設されたときに話は戻ります。自衛隊創設と同時に内部部局（内局）ができます。二度と軍に勝手な戦争はさせてはいけないということで、防衛官僚に加えて、主として旧内務省の官僚が内局に入ります。そして予算面のことも加味して大蔵官僚も入りました。あとは自治官僚（旧内務省系）が入ります。それが内部部局を形成したわけです。

当時、統合幕僚会議議長（現統合幕僚長）が制服のトップでした。栗栖発言で有名になった栗栖弘臣さんは統合幕僚会議議長でしたが、金丸信（当時防衛庁長官）さんにクビを切られました。

初代統合幕僚会議議長は林敬三さんという方で内務官僚です。いわば初代統合幕僚長です。それが内務官僚で一度も制服を着たことがない。お父さまは陸軍中将ですが、ご本人は虚弱体質で陸軍に行けずに官僚になられた方で、それが統合幕僚会議議長を10年間も務められた。しかし何をなされたのかは判然としません。林さんは退任後、自治医科大学理事長や日本赤十字社社長を歴任されましたが、要は官僚なのです。

さらにこの林敬三さんは初代の陸上幕僚長（当時、保安庁第一幕僚長）でもあるのです。初代海上幕僚長は山崎小五郎という方で運輸官僚です。船に乗ったこともなければ、大砲を撃ったこともない人です。ですから私も海上幕僚長をやりましたが、山崎小五郎さんが初代海上幕僚長というのは、制服組からするとあまり認めたくない事実ですね。

初代航空幕僚長は上村健太郎という方で内務官僚です。つまり自衛隊自体が完全に警察組織だったということです。

ちなみに、陸と海では地域の自衛隊のトップは総監といいます。たとえば九州地区だったら佐世保地方総監が当地の海上自衛隊のトップになります。その総監ポストを一時期ですが、内局の官僚に渡してくれと言われたことがありました。

警察の場合ですと、キャリア官僚が地方の道府県警本部長に就きます。だから俺たち（防衛官僚）だってやれるじゃないかという理屈なのです。なぜこのような発想になるかというと、わかりやすくいえば、自衛隊は仕方なく作った組織だからなのです。

要するに憲法9条が大前提で、そこにいわゆる「芦田条項」が付きました。「前項の目的を達するため」という条文です。１９４６年（昭和21年）ですが、当時も将来的に軍隊を持つということについては否定しなかったわけです（憲法改正草案を審議する日本政府憲法改正小委員会の芦田均委員長が第9条2項の冒頭に「前項の目的を達するため」という文言を挿入する修正を行なった）。

ところが当時の吉田茂総理は、陸海空軍その他の戦力を保持しないままとしました。ただし自衛隊は保持したい。だから戦力以下が自衛隊だということにしたのです。これは変わらないで現在に至っているわけです。

できた当初の自衛隊は戦力以下といっても過言ではないでしょう。装備は米軍の払い下げ品ばかり。しかし、いまやイージス艦を持ち、弾道ミサイル防衛システムやF‐35ステルス戦闘機を保有し、空母もどきを持っています。これで戦力でないと言い続けるのは、詭弁と言われても仕方ないでしょう。

私が海上幕僚長をしているときには、外国にも行きました。そこで現地の軍人から「自衛隊は何で『セルフ・ディフェンス・フォース』と呼称するのか。なぜ『ネービーやアーミー』ではないのか？」と聞かれます。「我々は実は戦力ではないのです」と答えると「あなたは私たちのことを馬鹿にしている。私たちより数倍大きい装備を持ちながら戦力じゃないという。ふざけてはいけない」と。しかし公式には、私はそう言わざるを得ないわけです。

自衛隊発足当初は、官僚をトップに配置するくらいですから、自衛隊を動かそうなんてさらさら考えていなかったわけです。当時の政治家は、防衛なんて票にならないし、逆に防衛のことを言ったら票を減らす。だから、自衛隊は作ったけれども「動くな」です。その「動くな」を監視するのが、内局の役目ということなのです。

実は私が親しくさせていただいている内局の防衛官僚がいます。事務次官をされた黒江哲郎さん（次回の講師）で、私が尊敬している人ですが、最近本を出され、その中でこう書かれています。要約すると「自分（黒江元次官）が入庁した当時、私も含めて内部部局のシビリアン、文官の間では防衛問題に関して国会やマスコミで追及されないように自衛隊を厳しく管理するという雰囲気が支配的で、有事に必要となる制度を整備したり、現場のニーズを施策化したりするという

積極的な意識は希薄でした」（『防衛事務次官 冷や汗日記』朝日新書、２０２２年）

これが文官統制の実態なのです。日本のシビリアン・コントロールの原点は「自衛隊を動かすな、見ておけ」なのです。

参事官制度崩壊への流れ

次に、すでに廃止されました参事官制度について申し上げます。この参事官制度、これまた防衛庁独特の制度で、内部部局の各局長は皆参事官に指定されていました。防衛局長、人事教育局長、装備局長など、参事官という肩書きがありました。防衛庁設置法で、この参事官が防衛政策の基本をすべて決めると規定されていたのです。

ここにはいっさい制服組が入る余地がありません。政治家も一人もいない。防衛官僚のみです。ある時期までの『防衛白書』には、この参事官制度こそがシビリアン・コントロールの有効な手段だと書かれていたのです。

制服組も黙っていたわけではありません。勇気ある一部の自衛官は、シビリアン・コントロールというのは政治がコントロールするのではないのかとクレームをつけました。しかし、そのたびに諫言は蹴飛ばされ続けたという状況だったのです。

潮目が変わったのは1991年に始まった湾岸戦争です。ご承知のように湾岸戦争では日本中が上を下への大騒ぎをしました。自衛隊を出す、出さない、出したらまた軍国主義が復活する、というような話になりました。結局、1兆7000億円（90億ドル）を拠出しただけで、何もできずに終わって、醜態を演じたのです。

でもそのあとに日本は、このまま金だけで済ませたら孤立するということを学び、ご承知の通り、海上自衛隊の掃海部隊が現地に派遣され機雷処理をしました。これくらい自衛隊を動かすということが日本中を大騒ぎさせることだったわけです。今となってはおかしな話ですけど。

私は、動かない自衛隊から動く自衛隊になった基点は、この1991年だと思っています。これを契機にしてPKO法（国際連合平和維持活動等に対する協力に関する法律、1992年成立）を作りました。あるいは国際緊急援助隊という海外への災害派遣に自衛隊が行けるようになりました。それまで自衛隊を送ってはいけなかったのです。なぜかというと災害であっても海外派兵を許せば軍国主義が復活するという理由だったのです。当時はこのような議論が普通に行なわれていました。

そして1995年には阪神淡路大震災があり、オウム真理教事件もありました。奇しくも19

91年から10年たった2001年に、9・11事件（アメリカ同時多発テロ事件）が起きて、インド洋における補給支援活動が開始されました。このときも自衛隊はポジティブ・リストでしか動けませんから、小泉純一郎内閣が特措法（テロ対策特別措置法、2001年成立）を作ったのです。その後、この活動が海賊対処法（海賊行為の処罰及び海賊行為への対処に関する法律、2009年成立）にもつながっていきました。

さらに2001年から10年後の2011年3月11日に東日本大震災が発生し、そのとき初の統合任務部隊（JTF）が編成され現在に至ります。

その間に国内では、自衛隊を見る目が変わり、動く存在だと認められ始めます。すると、それまでは陸海空ばらばらでもよかったけれど、これからは駄目だろうとなりました。陸海空ばらばらな状態では、陸上幕僚長が陸上自衛隊を、海上幕僚長が海上自衛隊を、大臣の補佐をして動かすということになっていました。しかし実際に動かすとなると、縦割りでは動かせないという話になり、2006年に統合幕僚監部ができました。

自衛隊が動き出したので、統合幕僚監部の必要性が理解できたのです。それで統合幕僚会議議長という民間企業なら代表権のない会長のような存在から、統合幕僚長という代表権のある会長になったのです。

国民に自衛官の顔が見え始めた

国民に自衛官の顔が見え出したから、世論も変化し自衛隊も変化したのだと思います。湾岸戦争時に自衛隊派遣の議論がされた際は、「いつか来た道」「軍靴の足音が聞こえる」「蟻の一穴」、この三拍子が国民にプロパガンダされ、そして明日には軍国主義が復活するという話が連日のように喧伝されていました。

当時、「国民の意識って、そういうものかな」と思いながら、私は調整のために駆けずり回っていました。行く先々で「お前ら、そんなこと言うけど、結局何を考えているかわかんないよ」ということも言われました。

そのたびに「えっ、何を考えているか、わからないって何ですか。すいません。私だって小学校、中学校のときには、みなさん方の横の机に座っていました」「すいません。私は陸軍幼年学校とかではなくて、あなたと同じ日教組教育を受けた一人です」とか言って、自衛官は普通の人間だということを言い続けなければならなかったのです。

私は当時、三等海佐（旧海軍の少佐）ですから32、33歳です。結局、何を言っても信用されないなど思いました。「お前らは何か、海外に出たら、また関東軍になるだろう」とか、そんなことを言われたわけです。

それで私は本当に絶望感にさいなまれました。この組織を辞めたところでつぶしが利くわけでもなかったので最後までいようとは思いましたが、明るい未来はない、光は差さないと思ったら、絶望感しかなかったです。ところが急転直下、掃海部隊派遣という話が浮上して、国民意識も動き出しました。話題になることで自衛隊がマスコミに出始めました。それで国民との距離が明らかに近づいたのです。

3・11東日本大震災は本当に不幸な出来事でした。そのとき自衛隊が国民から信頼されたと、多くの人から言われますけれど、私の歴史観から言えば、やっぱり1991年の湾岸戦争が基点です。これまで積み上げてきた、黙々と任務を遂行する自衛隊の姿を、国民に評価をしていただき、好感度も高い。それはやはり国民が自衛官の顔を見始めたからだと思うのです。

国民の評価が上がると、次にどうなるか。今までは文官統制＝シビリアン・コントロールという前提があり、二・二六事件を起こさせないように抑えてきた内局の立場がありました。ところが国民のほうから「自衛官の人たちっていい人じゃない」「クーデターなんてありえない」ということになったら、監視して抑え込む理由がなくなるわけです。

自衛官は悪という前提で、内局が支配する参事官制度があったのに、実はよい人だと国民が認識したら、大前提が崩れるわけです。私の認識では、それで次第に参事官制度が崩れていったのです。

私が統幕長のとき、防衛庁設置法が改正されました。それまでは防衛庁設置法で明確に、大臣の下に内局の局長がいて、その下に各幕僚長という位置づけでした。ですから平安時代でいえば天皇陛下の下にお公家様がいて、その下に北面武士（上皇の身辺を警護した武士）でした。すると平家では清盛が成り上がりますが、それまでは決して上がってはいけない存在、その北面武士が制服自衛官だというわけです。

ですから制服が大臣と話す時は、必ず局長を通さなくてはいけない。局長を抜いて直接、大臣に行こうものなら、「お前は何だ」ということになります。

たとえば9・11の同時多発テロ事件のとき、私は防衛課長でした。その10年前は、申し上げたように将来に絶望した三等海佐でした。10年たったら一等海佐（旧海軍の大佐）の防衛課長になり、本当の意味で自主的にいろいろできるようになりました。湾岸戦争のときと同じ轍は絶対に踏んではいけないと思い、9・11の対応については内局を通さずに行動することもありました。

このときも自衛官が内局を通さないで外部に接触することはタブー、御法度でしたけれども、そうは言ってもということで、『週刊新潮』の編集者を通して初めて櫻井よしこさんにお目にかかりました。そこで9・11以後の日本をどうするかについて話をして知遇を得たのです。

当時の官房副長官は安倍晋三さんでした。安倍さんが早稲田大学で講演した際に次のようなことを言われました。

「自衛官の方々が自宅に来てくれた。それで彼らから『(自衛隊を)出してすぐ引くような形で出すなら、出さないでください。出すのであれば政治家は少なくとも覚悟を決めて出してください。いい加減な気持ちで出してもらっては困ります』と言われた。現場の自衛官の話を聞けて大変よかった」

当然、この発言についての新聞記事が出ます。それで防衛庁内は大騒ぎになりました。そして案の定、犯人探しが始まったのです。私が外を回っていたのは内局もかぎつけていましたので容疑者の筆頭は私になったわけです。

私は安倍さんが富ケ谷に住んでいることは新聞などで知っていました。でも行ったことも、当時はお会いしたこともありませんでした。そこで、内局のほうにはこう言いました。

「(話の)内容を見てください。行った人は要するに『軽々には出さないでください。出すなら覚悟を決めてください』って言ったのでしょう。私はツーレイトは避けるべきとの立場だから、全然スタンスが違いますよ。だから、おそらくこれは陸だと思います」

そもそもこれもおかしな話です。シビリアン・コントロールは政治がコントロールするわけですから、政治と制服が直結しないと、シビリアン・コントロールは完成しない。内局でバッファーがかかるのはおかしいのです。

形はできたが、中身はこれから

私が統幕長のときに、形の上では大臣の下に、各幕僚長が運用（旧軍の作戦）を、内局の各局長が防衛政策ということになりました。

これをクルマの両輪という言い方をします。これにもまだまだ欠陥があります。何かといいますと、次官は別格で局長の中には入っていないわけです。給与面では統合幕僚長と次官は一緒ですが、制度面で差があります。

それともう一つ。制度の上では運用は各幕僚監部、防衛政策は内局と切り分けをしましたが、従前から申し上げている通りポジティブ・リストの世界では、防衛政策が運用にオーバーライドするのです。統帥権は独立していないので、必ず内局のバッファーがかかるのです。

実際にあった話を申し上げます。私は2017年の夏にワシントンに行きました。当時、北朝鮮のことで情勢が非常に緊迫化していました。私は民間のシンポジウムに出たのですが、ダンフォード統合参謀本部議長が、私がワシントンにいることを聞きつけて、「至急、自分のオフィスに来てくれないか」と連絡があり、ペンタゴン（米国防省）に行ったのです。

そうしたら、現在の情勢認識、トランプ大統領からの指示事項、要するに軍事オプション（ゴーサインがでた場合の米軍の行動）、その準備レベルなど、私にすべて説明してくれたわけです。私が考えている以上に事態はエスカレートしている印象でした。私は安倍総理に報告しないといけないと思いました。

それで帰国したら、出張中に稲田朋美防衛大臣が退任され、岸田文雄外務大臣が兼務されていました。

兼務でも岸田大臣は毎日、防衛省に来られました。私が大臣に出張報告を申し上げたら「ああ」という感じでした。先にお話ししたように総理に直接電話することができないので、あとは定期的な総理報告の曜日を待ちました。

そうしたら防衛政策局長が私のところに来て「すみません。さっき大臣に報告されたことは総理に言われるのですか」と言うのです。「当たり前じゃないですか」と答えると、「いや、まだ、それはちょっと……」となるのです。

これでは国を誤りますよね。総理の面前で議論すればいいのですから、おかしな話です。「内局としては、まだ事態はそこまでいっていないと思います」と総理に進言すればいいだけの話です。このような考え方が存在するかぎり、私はまだ日本のシビリアン・コントロールはおかしいままだと思います。

【質疑応答】

制服サイドにも問題があった文官統制

堀茂（座長補佐）　河野元統幕長のお話は、自衛隊は創設以来存在するだけ、歴代政権はそれをどう活用するかという発想が、この50年間なかったということだと思います。

さきほど河野講師から「自衛官は動くな」という話がありましたが、「動くな」だけではなくて「考えるな」「語るな」という三原則が徹底されていたと思います。いわゆる自衛官への強制的な無思考化が常態化していたと考えます。

これまでの文民統制の考え方は、文民の文民による文民のための統制といいますか、要するにシビリアンのための統制で、自衛隊をいかに運用していくかを政治のイニシアチブでやるという発想が全くなかったと思います。

その根底にはやっぱり河野講師も言われましたが、「ミリタリーは悪、シビリアンは正義であり、善を体現している」という考えがあり、それを拡大解釈して、政治統制ではなく文官主導でやってきたということを、あらためて考えさせられました。

河野講師　いまの政軍関係は歪な政軍関係ということを申し上げましたが、制服側にも問題があったということが抜けておりました。

私が一等海尉のとき、年齢で言えば30歳くらいです。それまでは護衛艦に乗っていて、次の転勤先に六本木の防衛庁（防衛省はかつて港区赤坂にあった）を言われました。私も〝本社〟勤務ということと、六本木への期待でワクワクしながら行きました。

行ったところは海上幕僚監部総務部総務課総務班です。冠婚葬祭やOBの世話、要するにほかの課がやらないことを全部やる。昔のテレビドラマの『ショムニ』みたいなことをやって、それなりに楽しかったわけです。でも転勤前には周囲から「お前、次の配置は海幕らしいな。いいか。気をつけろよ。防衛庁には内局様という方々がおられて、これに逆らったらお前は出世がないぞ」と言われました。

ですから制服サイドもこのシステムにどっぷり漬かっていたのです。そして、いまではもうないと思いますが、当時はよく官官接待というのがありました。予算を獲得するために各省庁が大蔵省の官僚を接待するという、あれです。

ところが制服にはもう一つ、官官接待がありました。制服が内局を接待するのです。だから制服の我々は二重負担。なぜなら「今度の幕僚長は内局受けがよかった」と堂々と言われます。すると「ああ、やっぱり内局に睨まれたら終わりだ」と当然のように思うのです。

特に守屋武昌次官（第26代防衛事務次官）という方は非常に強い次官で防衛省の天皇のような存在でした。実際、守屋さんは人事権を発動しましたので、みんな「守屋さん、守屋さん」となるわけです。

私は9・11テロのときなど、先ほど申し上げたような動きをしたので、守屋さんにとってブラックリストのナンバーワンだったと思います。

ですから私は守屋さん直々の内局の側近から言われました。「河野さん、悪いけど将来ないよ。守屋さんが怒っている」と。そう言われても「ああ、そうですか」と返すしかないですよね。そんな感じだったのです。ちなみにブラックリストのナンバー2が香田洋二（元海将）さんだったかな、わかりませんが……。

海上保安庁法第25条は憲法とのつじつま合わせ

木原稔（衆議院議員） 私の知る限り、おそらく官邸にいちばん出入りした自衛官は河野さんではないかなと思います。安倍総理の信頼がとても厚かったという印象です。

安倍総理が憲法改正に向けて自衛隊明記ということを打ち出したとき、河野統幕長が「自衛隊明記は大変ありがたい」と記者会見で言われました。私は制服の方が本当に踏み込んだことを言われたなと思いました。そのお陰で実は自民党も自衛隊明記というのが、いまは定着しています。

それまでは第9条第2項の削除が自民党の主流だったのです。安倍総理が唐突に言い出して、みんなが「えっ?」と戸惑っているときに、自衛官が「ありがたい」と言っている。統幕長が「ありがたい」と言ったことは大きかったです。いまでも保守の中では第2項削除という方がおられます。私も実はそう思っていました。しかし国民のコンセンサスを得て、国民投票で過半数をとるためには自衛隊明記でいこうと思ったのは統幕長のあの記者会見、あれを見たときからだったのです。

さて、先ほど言われた海上保安庁法第25条についてです。先日、国家安全保障局長を辞められた北村滋さんが「この25条はやはり排除すべきだ」と言われました。警察出身の方が海上保安庁のことを言われたということは自民党の中でも大きな意味がありました。

一方で自衛隊法第80条第1項というのがあります。これは海上保安庁が防衛大臣の統制下に入るというものです。これがあるから海上保安庁法第25条があってもいいのではないかという意見もあります。このあたりの整理はどう考えたらいいのでしょうか?

河野講師 私の認識では海上保安庁法第25条というのは、憲法とのつじつま合わせです。要するに、海上保安庁ができたときに海上保安大学校(広島県呉市)ができました。それをみんな海軍の学校だと思ったのです。海軍のつもりで入ったら何と海上保安庁だった、それで慌てたという話があります。だから海上自衛隊の初期の幹部には海上保安大学校出身者が多いのです。当初は、みんな海軍と誤解して行ったわけです。それくらいの認識だったということです。

やはり憲法との兼ね合いで第25条を付け足したと思いますのでもう存在理由はないのです。

私は海上保安庁の当事者でないから滅多なことは言えませんが、世代の認識に差があることだと思います。私たちが若い頃は、海上保安庁と海上自衛隊の間にあまりコンタクトはありませんでした。海上保安庁のほうは結局、母屋をとられた感じで、分離独立した海上自衛隊のほうが大きくなってしまい、毛嫌いする感情があったのです。でも今の若い海上保安庁の方々にはそのような感情はないのではないかと私は感じています。

加えて時代が進み、現実が海上保安庁と海上自衛隊の距離を縮めました。1999年に発生した能登半島沖不審船事案では海上自衛隊に海上警備行動が下令されましたが、もう協力せざるを得なくなったのです。

今度、ようやく海上保安庁長官が制服になりました。これもそもそもおかしな話ですね。海上保安庁長官は、運輸省の次官級ポストとして作られていたわけです。これを改革したのは安倍政権のときです。制服のたたき上げの方が長官になるということにしたのです。自衛隊のトップが内務官僚だったということが続いていましたが、海上保安庁についても最近まで同様だったということです。

自衛隊の憲法明記は「ありがたい」発言

河野講師　私の「ありがたい」発言の関連ですが、あれは外国特派員クラブで言いました。ちょうど安倍発言の直後でした。特派員クラブの責任者が、これを質問したいと言ったわけです。私としては「いや、それはちょっとお答えできません」というのが安泰だということは百も承知でしたが、この問題は自衛隊を憲法に明記する、明記しないということであり、その当事者は、我々自衛官なわけです。

よく記者の方が質問する際に「その向こうに国民がいると思え」と言われます。したがって、この質問に対して国民は、自衛隊はいまどう思っているのだ、と考えるのが自然ですよね。そこで私もいろいろ計算したわけです。まずここは「明記すべきだ」など自分の意思を表明すると政治関与になるので、これはよろしくないと考えました。

そうして私が出した結論は、気持ちを言えばいいということでした。だから「もし明記されることになれば、それはありがたい……」。それにもう一つ保険をかけて「とは思います」って言ったんです。

だから、ほとんどのマスコミは、一部、朝日とか、共同とかが突っ走っていましたが、あとは別段、問題視してはいませんでした。そういう気持ちで言ったわけです。

これに関連して、私も個人的に明記については賛成です。だって、憲法第9条第2項を変えるとか、国防軍、自衛軍を言い出したら、あと150年待てという話になりますからね。それに、いま公明党さんとの調整が必要で、公明党は加憲と言っているわけですから、まずは第一歩という認識です。これで十分とは思っていません。

ただポジティブ・リスト、ネガティブ・リストの問題は自衛隊明記では変わりません。なぜなら明記では自衛隊法は変わらないからです。やはり国防軍、自衛軍を作れば自衛隊法は自動的に廃止になります。そうしたら国防軍法、自衛軍法に作り替えるという話になりますから、そのときに万国共通のネガティブ・リストの形にしていくということになるわけです。

自衛隊明記では違憲論はなくなりますけれども、この自衛隊が抱えているポジティブ・リストの矛盾は変わらないはずです。

滝波宏文（参議院議員） 講話の中で台湾有事のときの事態認定の話がありました。もう少しウクライナの現状も踏まえて台湾海峡で有事があった場合、自衛隊のいまの現状から、どういうことが言えるのか、ご見解を教えてください。

河野講師　「台湾有事は日本有事」と言われています。1982年にフォークランド紛争（アルゼンチン沖の英領フォークランド諸島をめぐるイギリスとアルゼンチンの軍事衝突）がありました。フォークランドは台湾よりも小さい島なのです。結局イギリスが奪還したわけですが、あの作戦がフォークランドの中だけで終わったかというと、そうではありません。

皆さんご承知の通りで、周辺海空域で大激戦をやっているわけです。アルゼンチンはエグゾセ対艦ミサイルで英駆逐艦シェフィールドを撃沈し、対して英潜水艦コンカラはアルゼンチン海軍巡洋艦ヘネラル・ベルグラーノを魚雷で撃沈しました。

ですから、台湾の周辺で制海権・制空権をめぐる非常に激しい戦闘になるということは考えておかなければいけません。そうなったら、台湾まで与那国島は110キロ、石垣島なら150キロです。110キロといったら東京都心から富士山の距離です。作戦行動において日本に火の粉がかからないということは軍事的には考えられません。

そのときに三つの事態（重要影響事態、存立危機事態、武力攻撃事態）のどれになるのか私は想像してしまいますが、いきなり武力攻撃事態になる可能性も高いと思うのです。ですから、その時点で喧々囂々の議論をしていたらもう手遅れです。

話は元に戻りますが、いまはポジティブ・リストですから、まずは議論をして法律で決めてある事態を認定して、それから「自衛隊はこれしかできませんがお願いします」ということになっています。これがネガティブ・リストでしたら、この戦況を見て統幕長が、これはもうやるしかないと総理に言えば「それでやれ」となる。これが普通の軍の運用なのです。

滝波宏文　ポジティブ・ネガティブの話ですが、現状の自衛隊法がポジティブ・リストになっていて、これを全部ネガティブ・リストに書き換える場合、どういうことを書くのでしょうか？

河野講師　法律的なことは専門ではありませんが、いまの自衛隊法を全部白紙に戻して、全面改訂してネガティブ・リストに書き換えることは、法律的にはおそらくできると思います。問題は政治的に可能かどうかということです。

これは自民党の先生方も立法府として、自衛隊明記だけで全面改訂を許容できるのかということです。それならば一回、自衛隊法を廃棄して初めから作るというのが立法府としては、おそらくやりやすいのではというのが私の想像です。

滝波宏文　先ほどの憲法に自衛隊明記というレトリックに似ている気がします。現在の自衛隊をそのまま憲法に書き込むだけということだけで相当、世の中からいろいろ言われているのも事実です。

同様に、いまのポジティブ・ネガティブをひっくり返す話も、相当いろんなことを言われると思いますが、「いや、変わっていません、現状の法律を表裏ひっくり返して書くだけですから」ということなら、あとは肚を決めるだけになります。憲法で自衛隊を明記するのと同じような流れではないかという気もします。

河野講師　いまのポジティブ・リストであれば、これしかやってはいけないのが、ネガティブ・リストにすれば、やってはいけない項目以外はできることになるので、実態は大きく変わります。できる範囲が柔軟性を持って拡大する。拡大しないと意味がないのです。

先ほども言いましたように、イランの米大使館での人質救出作戦は、大統領の判断でやっています。作戦に際して、たとえば国際法に違反してはいけない、民間人を撃ってはいけないなどの規定はあると思いますが、それ以外は大統領が自衛権を根拠に発動しているわけで、非常に行動の範囲が広がるわけです。

総理大臣が政治的に判断して、その了解のもとに動くというのがシビリアン・コントロールです。総理が決断しても、アメリカのように事後これは駄目だと議会が決議したら撤収しなければならないのは当然です。

そういうシステムが普通ですから、おそらくここは大きな議論になるのではないかと思います。元航空自衛隊の織田邦男さん、私の認識は間違っていませんか？

織田邦男（元空将）　その通りだと思います。先ほどの海上保安庁法第25条の議論で付け加えさせていただきます。有事に海保が防衛大臣の指揮下に入る。海保はどのようにそれを整理しているかというと、防衛大臣の下に入っても軍事的行動はしません。航行の安全と治安維持、これは有事にもやる任務という整理をしているのです。

さて、私は第25条による実害を実際に経験しました。というのは、いま尖閣に常時4隻、海上保安庁の巡視船艇がいます。この巡視船艇に航空自衛隊が金を出すから対空レーダーを設置してくれと、私が航空幕僚監部で防衛力整備に携わっていたときに提案して海上保安庁と調整しようとしたのです。なぜなら現場に常に4隻いるのですから、対空レーダーを装備すれば、その情報をLINK16で結べば、AWACSとかE2Cという空中警戒管制機を買う必要はないのですよ。だから予算的には数十億円で済みます。

しかし門前払いされました。第25条により海保は軍事的機能を果たしたらいけないからという理由です。たかだか二十数万人の自衛隊だけで日本を守れるとは思いません。警察も海保も含め持てるアセット（資源）を総動員しなければいけない。その中におけるストーブパイプ（縦割り組織。煙が横に流れない煙突の喩え）が第25条なのです。

自衛隊から国民を守るというおかしな法体系

織田邦男　ポジティブ・ネガティブの話についても触れさせていただきます。たとえば研究者の中には「警察・海保になぜシビリアン・コントロールはないのか。警察・海保は自衛隊と同じように拳銃や速射砲を持っているのに何でシビリアン・コントロールがないのか」と。これについては「両者は行政組織の中にあるからシビリアンで、だからシビリアンがシビリアンをコントロールするのはおかしい」という理屈です。さて自衛隊ですが、これも行政組織の中にあるわけですね。だからなぜ自衛隊にシビリアン・コントロールが必要なのかということになるわけです。

そもそも自衛隊は国内の法律が及ばないところで動かなければいけないのに、法律の範囲でしか動けない。つまりポジティブ・リストというのは非常におかしな形になっているというふうに私は思います。

河野講師 本来、行政の中に自衛隊があるというのはおかしい。軍隊は行政ではないですから。現状は、自衛隊に行政組織というタガがかけられた上にシビリアン・コントロールがかかっているのです。結論は政軍関係がほかの国とは違うということですよ。

織田邦男 その通りです。自衛隊法を見ていただいたらわかります。基本的に自衛隊防衛出動下令前は警察権しか行使できません。防衛出動が下令される前は陸海空自衛隊っていうのは警察なのです。自衛隊法の権限規定を見ていただいたらわかりますが、防衛出動のときだけ主語が「自衛隊の部隊は」となっています。そのほかの任務を見てください。主語が「自衛官は」なのです。

だから米艦防護の任務であってもこれは平時ですから、「自衛官は」何々ができるという規定です。これでは対応した「自衛官」が責任をとらなければいけなくなる。まあ、それは現実的には艦長の責任になるのでしょうが、規定通りに読むと、ミサイル発射のスイッチを押した何とか士長が責任をとるのかというおかしな話なのです。

だから自衛隊法というのは一言でいうと、「軍による安全」を目指さなければいけないのに「軍からの安全」のための法律になっているのです。軍は必ず暴走する、自衛隊は軍事組織だ。だから自衛隊も暴走する。自衛隊はとんでもない存在だから、自衛隊から国民を守るという法体系なわけです。自衛隊によって国民を守るという法体系になっていないというところは非常におかしな話だと思います。

それともう一つ。いまウクライナ問題でテレビなどメディアに呼ばれるのは自衛隊OBが多いですね。なぜかというと、軍事的知見を自衛官は持っているということだと思います。自衛官が持っている知見を政治家も持ってくださいというのは無理な話です。餅は餅屋です。それをカバーするには、政と軍が膝を突き合わせて、あれはどうする、これはどうやると意見交換することが必要です。

私は石原慎太郎さんに懇意にしてもらいました。石原さんが太陽の党の党首の頃です。そのとき党首討論会があるので、「俺は首相に安全保障を聞くつもりだけど俺は素人だから、ちょっと来て教えてくれよ」ということで、石原事務所に行って一からお話ししたことがあります。

政治的決断をする政治家が軍事的知見をどこから得るかといえば、30年、40年と、自衛隊で働いた経験のある人の知見を活用すればいいし、現役自衛官から話を聞くということも必要です。現役自衛官が政治家と話したら罰せられるような世の中では困ります。

実際、自衛隊幹部が呼ばれて政治家のもとに勝手に行ったら、内局はものすごく嫌がると思いますよ。だから政軍関係以前の問題としてそこは正していくべきです。憲法の範囲内でもやるべきことはいっぱいあると思います。

河野講師　これは内局内の規則なのか、私も教えてもらいたいくらいです。私が若い頃、政治家はもちろん他省庁との接触も制服組単独ではＮＧでした。基本的に内局を通すということで、いまもおそらくそうではないでしょうか。

私が海上幕僚監部の防衛課時代、日米安保条約は海上自衛隊にとって非常に重要なものでしたが、安保条約を管轄していたのは外務省の北米局日米安全保障条約課でした。そこには岡本行夫さんや、評論家として活躍されている宮家邦彦さんがおられましたが、彼らと意見交換するにも懇親会という名目にして、絶対内局に見つからないようにしていました。

同志社大学特別客員教授の兼原信克さんも、当時、日米安全保障条約課長をやっていました。兼原さんは防衛省に来たらまず内局に顔を出します。そして帰るふりをして、内局にわからないように海幕に寄るわけです。これってエネルギーの無駄ですよね。

その雰囲気は今でも残っていると思いますよ。

核の傘がある〝はず〟では済まされない

石川昭政（衆議院議員）　自衛隊のトップである河野統幕長が記者会見で憲法について堂々と意見を言われ、すごく衝撃でした。ついにこういう方が出てきたなというのが当時の感想です。

二点、質問があります。

陸と海と空とそれぞれカラーも違うし、生い立ちも違うということですが、三つの自衛隊はどういうパワーバランスなのでしょうか。いちばん伝統があるのは海だとか、空が守っていないと陸も海もどうせ戦えない。陸海空の中でパワーバランスがあるのでしょうか?

もう一点はウクライナ問題にも関係します。安倍元総理が核シェアリングの話をされていて、これも一つの考え方だと私も思っています。これから防衛三文書の改定（研究会時は改訂予定）を迎えるにあたり、ご意見などがありましたらお聞かせください。

河野講師　基本的に自衛隊内にパワーバランスはないと思いますが、中谷元議員、佐藤正久議員など、政治家になるのは陸の人が多いですね。そういう意味で陸はやはり地元と密着していますから、国内におけるパワーバランスでは陸が強いと思います。

海の場合は「海のロマン」と言っても、誰も理解してくれず、唯我独尊になりやすい。結果論にはなりますが、海は一人の政治家も出していません。

陸と海の大きな違いは、海は帝国海軍の正統な継承者であると堂々と言い、いまも旭日旗をはためかせ、絶対に降ろさない。ところが陸は、当初は旧陸軍と違うというところから歴史をスタートさせているのです。そこから来る文化の違いはあるかもしれません。空の場合は、完全に新しい組織ですからゼロからのスタートです。

もう一つの質問、核シェアリングの件です。ロシアのウクライナ侵略は我々が信じていた戦後の安全保障スキームの二つを根底から覆したと思います。

一つは核不拡散体制です（1970年に発効した「核兵器の不拡散に関する条約〔NPT〕」の下で米露英仏中以外の国への核兵器拡散を防止する国際枠組み）。

これは簡単に言えば、核保有の五大国は立派で分別がある。だから責任がある。建前はそういうことです。したがって、ほかの国は核を持たなくても心配しないでください。我々がちゃんと管理しますというのが核不拡散（NPT）体制の根本理念です。

ところがロシアが今回、侵略戦争を仕掛け、核を持たないウクライナを核で威嚇しました。これは何だということです。五大国が信用できないわけですから、私は核不拡散体制が崩壊しつつあると思います。

ロシアの核威嚇により、北朝鮮に核を持つ正当性を与えてしまいました。今後、北朝鮮が交渉に出てくるかもしれませんが、彼らは核廃棄ではなく核保有国として認めろということを言ってくると思います。

二つ目は、核戦争の可能性があると判断された場合、アメリカが軍事介入しないという事実を世界が初めて見たことです。日本はアメリカの核の傘に依存しているわけです。これは日本が核で威嚇されたらアメリカは核の傘を提供してくれる〝はず〟ということなのです。

冷戦時代、西ドイツ政府は「核の傘を提供してくれる〝はず〟」なんか絶対に信用できないと思ったのです。米ソ冷戦の最前線にある西ドイツは国家の生き残りを懸けて考えた結論が「核シェアリング」でした。〝はず〟は絶対に信用しない。アメリカの核を持ってきて、最終的にアメリカの決定ではあるが、そこにドイツが何らかの関与をする。そして、いざとなったら自分たちも爆弾を投下しに行くのが彼らの役割です。

では日本はどうなのか。当時は米ソ冷戦中で最前線に位置したのが西ドイツでしたが、いまや米中対立の時代となり、その最前線に位置しているのは日本です。意識する・しないにかかわらず日本周辺の戦略地図が大きく変わり、後ろにはアメリカがいて、前には中国がいる状況になったわけです。

極東が最前線でなく第二戦線、第三戦線なら、これまでの「非核三原則」でもよかったかもしれませんが、いまや日本は最前線に立ってしまい、しかも核戦争の脅威がある。そんなときに、動かないアメリカを見てしまったわけです。NPT体制が崩壊しつつあるなか、国民の生命・財産を守るために「アメリカの核の傘がある〝はず〟」だというのはあまりに無責任です。

ですから、少なくとも議論は絶対にすべきです。いま世論調査では議論すべきだという意見が多いようです。以前とは全く違いますね。それくらい国民は現実に目覚めていると思います。

国家安全保障において最上位にあるのは国民の生命と財産を守ることです。「非核三原則」はその手段の一つに過ぎず、「非核三原則」を守るために命を差し出せというのはおかしな話です。結論を申し上げれば、少なくとも議論はしないといけない。その結果として、「非核三原則」だということであれば、それはそれでいいのです。

薗浦健太郎（衆議院議員）　端的に質問します。統合司令官の問題です。つまり、統幕長はおそらく有事になると官邸に詰めることになります。ならば防衛大臣の横にいて三軍にまとめて指令を出すのは誰か。それぞれには陸上総隊、自衛艦隊、航空総隊の司令官がいます。では米軍のインド太平洋軍司令官のカウンターパート足り得る人は誰になるのでしょう。ご教示いただければと思います。

河野講師　統合司令官につきましては私が退任するときに、今度の中期防に結論を出すということを明記して退任しました（統合司令部の創設は2022年末の国家防衛戦略で明記された）。

もう議論は出尽くしています。統合幕僚長というのは幕僚長です。幕僚と指揮官は違います。幕僚は大臣を補佐するのが仕事なので指揮権はない。だから「統幕長がいちばん偉いですよね」って言われても、指揮権はないわけです。幕僚と指揮官は明確に分けられています。

そういう意味で、総理大臣あるいは防衛大臣が直接、部隊指揮官に命令するのかといえば、実質的にはできません。だから、そこには統合司令官という指揮官が必要になるのです。これが結論だと私は思います。

櫻井よしこ（国基研理事長）　河野さんのお話を聞きながら田久保座長が引き合いに出すチャーチルの話を思い出しました。彼がイギリスの首相として戦争していたとき、参謀総長（アランブルック）が夜中にチャーチルのベッドルームに行く。つまりベッドにいるチャーチルと緊急の打ち合わせをするわけです。そういった場面が欧米の政軍関係の事例としてありながら、わが国では統幕長の河野さんが安倍総理と一対一で会ったことがないとか、直接、電話で話すことができないと聞き、日本はこれで大丈夫なのかと改めて強く感じました。

さらにいまの法律では国家が戦いの責任をとらないことになっています。たとえば、ミサイル発射のスイッチを押すか押さないか、銃を撃つか撃たないかを現場の自衛官一人ひとりの責任に押し付けているわけです。部隊長とか、司令官が「やれ！」というのではなくて、一人ひとりが自分で判断するという仕組みです。こんな軍隊は自衛隊以外にありえません。

私が住んでいる町内会でいろんな催しものがあります。お祭りのときに楽しいことや、けっこう危ないこともあります。でも町会長が絶対的権限を持っています。普段は優しいおじいさんなのに、ねじり鉢巻きで「やれ！」って言ったら、みんながワーッとやるのです。日本の自衛隊はそれ以下じゃないかと思いました。

国基研は常々、戦後の日本は国家ではない、正しい意味での国家ではないと繰り返し述べてきましたが、今回それをあらためて痛感しました。

たとえば海上保安庁の問題です。海上保安庁法第25条を外せという議論が何回もあっても海保が拒否するわけです。海保はいまのままでいいと言う。しかし「それは海保が決めることではない。国が決めることです」ということを政治家が言わなければいけない。第25条を外すのは国益のためであり、国を守るためにはこのままでは駄目だということを国民に説明しなければならない。

織田さんがおっしゃったように、航空自衛隊が「お金を出すからレーダーを置いてくれ」と言っても海保は拒否する。こんな唯我独尊で自分たちの利権しか考えない組織を批判すると同時に、それを温存させてきた政治の責任はさらに大きいと思います。

そういう意味において政治と軍の関係を、ウクライナ問題をきっかけとして是正していかないといけないと思います。

（2022年3月30日）

【まとめ】総理大臣を補佐する制度と役割

「政軍関係」研究会を始めるに際し、どのような講師から話を聞く必要があるかを議論するなか、真っ先に候補に挙がったのが、河野克俊（元統合幕僚長）氏であった。河野氏の御父君は旧海軍の潜水艦乗りとして真珠湾攻撃にも参加した生粋の軍人で、戦後は海上保安庁と海上自衛隊に奉職されたと聞く。ご自身は防衛大学校から海上自衛隊に進み、海上幕僚長、統合幕僚長にまで上り詰めた。

つまり、講話の中で河野氏が概観された戦後の自衛隊創設の頃の事情から現在の自衛隊の状況を、直接・間接に肌感覚として自然に備えることになった稀有な人材ということになる。

加えて、統合幕僚長という自衛隊制服組トップの地位に三度の定年延長を経て留まったことは、当時の最高指揮官である安倍晋三内閣総理大臣の多大な信頼を得ていたことを意味する。

要するに、政治と軍事（自衛隊）の関係性の中で、最も緊要な結節点として歴代最長の勤務経験を有し、その生の声は学識経験者にはない実務に根差した重みがあるということである。

河野氏は、自衛隊におけるシビリアン・コントロールを文官統制のように解釈し、自衛隊ができるだけ「動かない」ように見張る役割を内局が担ってきたとし、その旧弊からようやく「動く」自衛隊に脱皮できたのは、緊迫する国際情勢や頻発する自然災害の中で自衛隊の姿が国民に近づき、国民の意識が変化したからだという。

当然、その流れの中で政軍関係も変化する。講話に出てくる参事官制度[1]も紆余曲折を経たあとに廃止された。文官統制の根源とされた参事官制度がなくなり、形の上では防衛大臣の下に、各幕僚長が運用（旧軍の作戦）面で、内局の各局長が防衛政策面で、それぞれが車の両輪となって補佐する体制が整ったことになる。

ただし、自衛隊発足当初から変わらない旧弊が防衛法制だと講師は指摘する。つまり、警察の延長だった草創期の法制度は警察法体系で、できることしか規定しないポジティブ・リスト方式のままだという指摘だ。

外敵と戦うための軍隊は国内の治安を維持する警察とは根本的に異なる。これを英米の軍隊のようにネガティブ・リスト方式に改正することは、容易な道とは思えないが、正しい政軍関係を構築する上で避けて通ることはできないと改めて痛感した。

その他に、筆者が常々思うのは、政軍関係を取り上げるメディアの認識に違和感を覚えることだ。これでは国民に正しく伝わらないと感じることが多くある。

やや古い話だが、２０１６年2月に「自衛隊作戦 統幕に一元化」[2]の記事が新聞に掲載された。内容は内部部局が担ってきた計画立案などの役割を統合幕僚監部（統幕）に一元化するというもので、これに対し内局などから権限委譲に反対する意見が上がったという。

一見すると制服が背広から無理やり権限を奪いとるような構図でストーリーが描かれている。この新聞は事実のみを伝えたが、ほかの一部メディアでは制服組の横暴などと言い、わが国の文民統制の根幹に関わる問題であるかのごとき論評ではやし立てていた。

しかし実態はどうなのか。内部部局の所掌事務は防衛省設置法上、主に「基本に関すること」で、その具体例は、法律案、政令案、訓令案の策定や解釈、自衛隊にかかる制度や基本的な実施計画の策定、国会関連業務などとされる。つまり、設置法上、基本的な実施計画、つまり作戦計画も内局の所掌事務となる。

他方、自衛隊の作戦計画である「統合防衛及び警備基本計画」を作ることは部隊運用の根幹で、２０１５年の設置法改正で部隊運用について統幕が一元的に大臣を補佐する態勢となったことから、作戦計画の策定はすべて統幕の所掌となった。

さてこれは択一問題のように見えるが、実は答えは明確である。２０１４年の省内組織改編で、内局で計画の策定などを担ってきた運用企画局が廃止され、その人員および機能が統幕に移っている。したがって、実質的に計画を起案し、大臣の承認を受けるという事務手続きは、統幕以外には実施できない。つまり内局の事務である「基本に関すること」は政策上の大臣補佐であり、軍事専門的な実質部分は統幕が補佐するしかないのである。

要するに、自衛隊三軍種を統合する組織である統幕が、軍事専門的観点から一元的に大臣を補佐するにあたり、部隊運用の根幹である作戦計画の策定手続きを一手に担う。その手続きを決めるというのが真のストーリーである。

問題の本質は当時、統幕長として河野氏が指摘したように「いかにしたら大臣を迅速かつ強力に補佐できるか」ということに尽きる。それをシビリアン・コントロール云々の問題にすり替え報道することは、あってはならないのである。河野氏は「国民に自衛官の顔が見え始めた」と言われたが、それを伝えるメディアが歪んでいれば、歪んだ顔が国民の目に映るという危惧の念はいまだに拭えない。

そのようなメディア環境にもかかわらず河野氏は現役時代、質疑応答の中で言及したように、外国特派員クラブで「自衛隊の憲法明記はありがたい」[3]と堂々と発言し、多くの現役自衛官に勇気を与えた。政治関与にならない線を探りながら攻めの発言ができる指揮官はほかに例を見ない。

今後とも元統合幕僚長としての講演や言論活動を通じて、歪んだメディアに真実の政軍関係を伝えて欲しいと強く期待するものである。

（文責：黒澤聖二）

（1）旧防衛庁設置法第9条に「所掌事務に関する基本的方針の策定について長官を補佐する」と規定。また同法第11条で「官房長及び局長は、防衛参事官をもって充てる」とされ、実質的に文官の各局長が政治家の大臣による最高政策決定を補佐することになっていた。

（2）2016年2月29日付産経新聞「自衛隊作戦を統幕に一元化へ　計画の策定手順を3月に決定」

（3）2017年5月24日付日経新聞「一自衛官として申し上げるなら、自衛隊の根拠規定が憲法に明記されることになれば非常にありがたいと思う」

第3章 「文民統制」の仕組みと改善点

——防衛省勤務の経験からみたわが国の政軍関係

講師：黒江哲郎（元防衛事務次官）

わが国の「シビリアン・コントロール」の制度

私は1981年に防衛庁に入庁しました。2017年まで足かけ37年ということです。ちょうど冷戦が終わる頃、つまりソ連のアフガン侵攻の直後くらいから、最近のアメリカでの「トランプ現象」が起きるあたりまで役人をやっておりました。

本日の演題「わが国の政軍関係」についていえば、シビリアン・コントロールの仕組み、制度はいろいろ整っております。これについて、さまざまな意見があるわけですが、むしろ行政官として内部にいた立場の者からすると、内局と各幕の関係、あるいは制服組と背広組（UC：Uniforom, Civilian）の対立に関してさまざまな報道がなされ、時に面白おかしく語られてきたこともあり、なかなか単純に説明しがたいテーマであります。私自身も非常に複雑な思い、印象を持っています。

本日は、実体験から得た私なりの現状認識と今後の展望についてお話をさせていただきたいと思います。まず「有事になったら最初に爆弾を落とす先は内局だ」と先輩から教えられました。実はこの言葉を面と向かって、ユニフォームの方から言われたことがあります。

1988年（昭和63年）から1990年（平成2年）くらいにかけて、情報関係の仕事をしておりました。統合情報本部を作るという構想が始まった頃です。各自衛隊から情報関係の分野の隊員を集めてきて、スクラップ＆ビルドで、現在の情報本部ができたわけですが、そういう統合的な情報の組織を作るプロジェクトを担当しておりました。

その際、いろいろなやり取りの中で、先ほどの言葉を言われたのは、ある意味、当時の内局と各幕の関係を象徴するような言葉だったかなと思っています。

本題に入る前に、我々のシビリアン・コントロールの仕組みを、ごく簡単にご説明します。言うまでもなく、これは政治の軍事に対する優先、政治による軍事の統制ということですが、何段階かに分かれています。やはり、国権の最高機関としての国会の役割が非常に大きい。自衛隊の基本的な方針事項、定数、法律、予算などを国会が決めるわけです。

防衛出動、自衛権の発動という重要な行動については、国会の承認が必要になります。それを受けて、文民たる総理は行政権を担う内閣を代表し、自衛隊に対する最高の指揮監督権を有するわけです。これは自衛隊法に規定されています。その総理を補佐する者として、国家安全保障会議（NSC）、これは安倍内閣で作られたわけですけれども、こういった補佐機構があります。

さらにブレイク・ダウンして、防衛省になりますと、これもまた文民である防衛大臣が自衛隊の隊務を統括します。この大臣を政治任用者である副大臣、政務官、あるいはその補佐官というメンバーが補佐をします。その際、一つの大きな役割を担うのが防衛会議です。これらがすべて法律事項になっています。

この制度が整う際に、実は内局の役割について、政府の統一見解が出ておりまして、内局の文官による補佐も、この大臣による文民統制を助けるものとして重要な役割を果たすと整理されています。

一方、統合幕僚長につきましては、自衛官の最上位者として大臣を補佐するという立て付け、つまり制度なのです。では実際にどういう形でこれが運営されてきたかということですが、時代を追って変わって来ています。

形骸化して行く「参事官制度」

私が入庁した冷戦末期、時代背景として、今のように「活動する自衛隊」というよりは、「存在する自衛隊」を重視する、そういう風潮、雰囲気がありました。

東西冷戦という、今にして思うと、非常に安定した抑止構造が国際的にありました。日本に求められていたのは、何かの事象に対して軍事的コミットをするよりは、きちんと自国を守る防衛力である自衛隊を建設するということが中心的な課題でした。

そういう状況で実務で何が起きるかというと、安定的に予算を確保して、自衛隊に必要な装備を増やしていく、あるいは人員を教育していく、そういうことが課題になっていました。ダイナミズムに欠け、ある意味、非常にスタティックな課題だったわけです。

さらに、その時代背景として、これはご記憶のことと思いますが、自社の二党対立、いわゆる「55年体制」(1955年に自由民主党に対し日本社会党と非自民で2対1の構図が成立)という状況がありました。ですから自社対立の中でいかに安定的に予算を通していくか、あるいは法律を通していくのかということが、役所としての課題でした。

大臣（防衛庁）の人事につきましても、いわゆる派閥順送りというようなことが繰り返されるなかで、どうやって国会で問題にされずに予算を通していくかということになるわけです。官僚の補佐が大事で、官僚が頼られる構造が時代背景としてありました。

これを受けて、内局側の文官が何を考えるかというと、いかにして問題が起きないように大臣を補佐するかということが、どうしても課題になります。ややこしい問題を先送りして、当面の予算を獲得することに力を集中しよう、そういう考えになりがちであったということです。

さらに「参事官制度」と所掌事務の「基本」、これは防衛庁発足当時にあった制度です。参事官というのを設けて、大臣に対して幅広い視野から所掌事務について助言をするという役割を与えたわけです。

実際は参事官が官房長、局長を兼ねるので、ある意味、内局の幹部が参事官を務めています。先ほど申し上げたように、大臣に対して国会対応がうまくいくようにということで補佐をする、まさにその中心になっていたのが参事官です。

これが繰り返されて、本来なら所掌を離れて戦略的な立場から大臣を補佐する、助言するということが期待されていたのが、いつの頃からか、徐々にストーブパイプ（縦割り組織）化し、参事官制度というもの自体がだんだん形骸化していくという、そんな流れがあったわけです。

他方、先ほどちょっと申し上げましたように、内局的な「事なかれ主義」といいますか、なかなか進まない法的な課題、たとえば有事法制の整備であるとか、あるいは海外で自衛隊が活動をするための法制であるとか、そういったものについては予算獲得よりも、優先順位が下がるわけです。さらに政治的な追い風もない、そういう状況が長く続いていました。

内局というのは各省にもあり、大臣部局のことを内局というように、大臣を直接補佐するのが、内局の役割です。ですから、どうしても大臣との距離は内局が近くなります。

そういう流れの中で、制服組から見ると、有事法制をはじめ早く解決してもらわないといけない問題がたくさんあるにもかかわらず、内局に言っても相手にしてもらえず、どんどん先送りされていくという状況が長く続きます。さらに内局で予算の取りまとめもやりますので、権限的には非常に大きくなります。その結果、なかなか百パーセントの要望が通らないということで、制服組の不満も溜まっていきます。

そうした状況の中、私は防衛庁に入ったわけです。ですので、先輩たちから、いろいろエピソードを聞かされたりもしていて、かなり内局と各幕の関係は緊張感のある、実際に緊張感をはらんだ雰囲気があったと感じました。

冷戦が終わり、国際情勢が流動化し始めますと、これまでみたいに自衛隊は存在すればいいという時代ではなくなりました。海外活動が典型ですが、国内でも阪神淡路大震災、地下鉄サリン事件、あるいは東海村の臨界事故など、非常に特殊な災害が発生し、対処できる能力を持っているのは自衛隊だけですから、そのたびに出動せざるを得ない状況が続きました。

そうなると当然のことですが、法的に足らない部分、本当にすぐ手当てしないといけないことが優先事項として出てきます。他方、冷戦が終わり国際情勢もゆるむと、防衛関係費用を伸ばさなくてもいいのではないかという話（平和の配当論）になるわけです。

仕事の上では、予算業務と自衛隊の活動が逆転する形になり、「存在する自衛隊」から「活動する自衛隊」に転換したことを部内的には認識していました。

そういう状況の変化の中で、大臣に対する補佐という面でも、自衛隊の部隊行動に対して、本当に専門的な識能を持っている自衛官の知見が重視されるわけです。そうすると、これまで内局が独占的に大臣に近かった立場が徐々に変わり、やはり自衛官から部隊運用に関する考え方も聞かないといけないということがごく自然に進んできたわけです。

防衛省改革会議による組織改編

ベルリンの壁が崩れた1989年が平成元年ですので、ポスト冷戦時代というのは平成と重なります。その平成初期の頃、防衛庁の部内に参事官会議という制度があり、事務次官が中心になって各局長と、各幕僚長が一緒に参加する会議がありました。

毎年の『防衛白書』はそこで審議されて発表されるのですが、『防衛白書』の記述について、激論が交わされるようになりました。『防衛白書』の中にわが国のシビリアン・コントロール制度についてという記述があり、その中に政治による統制ということで、国会、内閣、内閣総理大臣による統制と記述されると同時に、内局による統制という文言も記されていました。

それに対して、制服の人たちから、自分たちは政治家、あるいは政治から統制されるのは理解できるが、文官から統制されるのはおかしいという批判が出ます。それに対して、文官が法律上、所掌事務の「基本」を持つと書いてある、基本を持つというのは、要するに大臣部局だから、大臣の最も近くで支えるということと同義なんだと反論します。つまり文官は「基本」を持っているのだから、ある意味、こちらのほうが上であるというような議論が行なわれました。

これは毎年、恒例行事のように、夏に『防衛白書』が発刊される直前にそういう議論が参事官会議で繰り返されるというのが何年か続き、最終的には防衛省改革会議で決着がついたんです。

そうこうするうちに、自衛隊をめぐる情勢が大きく動いて内局だけが補佐している状況が徐々に変わっていきました。２００６年の統合幕僚監部の創設、２００７年の防衛省昇格あたりです。

その直後くらいに、不祥事、事件・事故が続発しました。身内の恥になりますが、直前まで事務次官をやっていた人が在職中に関係した商社からさまざまな供応を受けていたとか、海上自衛隊の補給艦が米艦艇に対する給油量を取り違えるとか、あるいはイージス艦と漁船の衝突事故など、世間で不祥事といわれるようなことが続発しました。

当時、石破茂防衛大臣でした。官邸に福田康夫総理の下に防衛省改革会議というのを置いて、防衛省の仕事のやり方を抜本的に洗い直し、組織を変えていかないといけないという会議が行なわれました。

いまご紹介したような不祥事にはそれぞれ原因があるのですが、それらに通底する共通の問題点がありました。それが、戦後の日本におけるシビリアン・コントロールのあり方に問題があったんじゃないかということです。

改革会議の報告書を読むと、石破大臣のテイストなのか「全体最適」という言葉が再三登場してちょっとわかりづらいのですが、防衛省の中に内部部局、統合幕僚監部、あと陸海空三つの自衛隊があり、メジャーな組織が五つあるわけです。

その五つの組織が、一体性というか統制がとれない形で仕事をしているのではないか、それぞれが規則を守らない、あるいは保全意識が薄い、そういうことが個々の不祥事につながっているのではないか、そういう整理がなされました。

これは、政治家による統制というのを長らく内局の文官が代行してきたことによって、各組織間の風通しが悪くなっていることが、非常に大きな原因であり、これを取り払って、制服組と背広組の一体化を進めるべきだというのが、この防衛省改革会議の報告書の主旨です。

これを受けて2009年には参事官制度が廃止されました。2015年には、それまで内局にあった運用企画局を統合幕僚監部に統合する形で、自衛隊の運用については統合幕僚監部に一本化されるという組織改編が行なわれました。これをもって、内局と各幕との関係について組織的には整理がなされた形になりました。

制服組と背広組の相互不信を解消するために

組織的には整理されましたが、内局で勤務していた実感からすると、制服組と背広組の相互不信と言うと言いすぎかもしれませんが、本当の意味での信頼感はまだ十分ではなく、感情的なギャップが依然として残っているところがありました。

個別の事象ではなく、ごく一般化して言うと、内局は国会対応を重視した考え方を政策的な判断と称して主張することが多いので、制服組からすれば内局は無理を言ってくると考えがちです。一方、内局からすれば、制服組は部隊に配慮しなければならないと言って、なかなか新しいことに踏み込んでくれないと受け止めがちです。

こういったところは、地道な努力を積み重ねながら、解消していかないといけないと思います。相互不信というか信頼感の欠如を補っていくには、ルールに則って率直に話し合っていくことだと思います。お互いにこういうことを考えていると主張し、それじゃどんな解決策があるかということを探していく、ごく当たり前のことですが、そういうことを繰り返していかないといけないんじゃないかと思います。

担当している業務が違えば仕事のやり方も違います。だから異論が出るのは当たり前です。内局の気がつかない視点や各幕の気がつかない視点がそれぞれあります。そのためにはよく話し合うことと、同時に人事交流を活性化させることが必要です。各自衛隊の方々が内局に入って来ていただくことは、かなり進んでいますが、内局のほうから各部隊に出て行くことはあまり進んでいない状況です。これが次の課題になると思っています。

これを本当にやっていかないと、互いに持っている不満や不信を外部に向けて言う人が出てくるわけです。それも、正々堂々と主張するのではなくメディアに耳打ちして、こんな無理を言われているという話を書いてもらうわけです。内局にも、そういう不届き者が出てくるし、制服組からもそういう動きが出てくることがあるので、組織内で話し合いを徹底しなければいけないと思います。

軍政担当としての内局の役割と課題

本日は国会議員の先生方もご出席なので、大変失礼なことになるかもしれませんが、自衛官の国会出席、国会答弁という、長い間、議論されてきた課題があります。アメリカを例に挙げるまでもなく、海外では軍人が議会で答弁するというのは珍しいことではありません。ではわが国においてはどうなのか。現役の自衛官が国会答弁した例は、昭和30年代初め、源田実空幕長が航空機の調達の問題で答弁された例など何件かありますが、以後、国会答弁の事例はありません。

国会のルールでは、与野党が一致して自衛官に答弁を求めるなら、当然、国会で答弁することになります。これは義務として当然なことですが、実際には、与野党合意が成立しないまま実現しない状況がずっと続いているわけです。私も国会担当の仕事を随分やりましたので、国会でどのようにこの問題が扱われるのか何度も見てきたつもりです。

いちばん大きな原因は、各政党あるいは各議員の間で、自衛隊に対する見方であるとか、国防に対する考え方という基本的な認識が共有されていないということです。

与党の国会議員で防衛問題について前向きな考え方を持つ先生は、自衛官の現場の意識、あるいは軍事についての考え方を聞きたいので機会を設けたいと主張される。

野党の国会議員が自衛官に答弁してほしいという場面もあります。私が実際に関わったケースですが、防衛装備品の調達で過大請求という問題が議論されたときです。まず野党の議員から膨大な資料を要求されます。部隊レベルの契約書類を全部出せという。あれを読み解くのも大変だと思うのですが、一つひとつ読んでいって、自分が怪しいと思った紙を取り上げます。そこに当然担当者のサインがしてあるわけです。

このときは、海上自衛隊の横須賀地方総監部の経理補給部の某一佐が判子を押しているので、彼を呼べと言い始めるわけです。それでとにかく不正があるはずだと言って追及したいわけです。野党の国会議員は全員とは言いませんが、そういう感覚の先生が多いんです。

つまり、自衛官から情勢に関する考え方を聞きたいという議員と、そうじゃなくて不正を追及したい先生がいる。あるいは国会の行政監視機能だと主張される先生もいたり、それぞれバラバラなんです。

こういう状況の中で自衛官が答弁するのは、私自身は賛成ですが、収拾がつかないことになりかねないおそれもあります。国会に呼ぶ前に、自衛隊について、違憲と言う方もおられますが、合憲であるという共通の認識が前提です。その上で国を守る政策は必要なので、そのどこについて議論をするのかということを、きちんとルールとして整えていただかないと、やみくもに答弁させることは危険です。

国会は政策を議論する場であると同時に、政治権力を争う場でもあります。お互い相手の政党に対し、イメージ・ダウンを図るための質問、特に引っかけの質問をします。

そういうものに対して、これまで内局が対応しているわけですが、全く経験のない自衛官を呼んで、権力闘争の中に巻き込んでしまうのはちょっと時期尚早だろうと思っています。

国防に関する秘密は、国会議員が口外しても、我々は秘密として守らないといけない。国会審議と危機管理対応のどちらを優先すべきかなど明確にルールとして合意していただくのが先決じゃないかなと思っています。

もう一つ、内局官僚の存在意義についてですが、官僚と自衛官の相互不信の中で出てくるのは「内局なんかいらない」「そんな予算の業務とか、法律の業務は自衛官でもできる」という議論です。現場を知る者として、それは簡単なことではありません。大学や専門教育を受けた上で、実務の経験を通してきちんとやり抜くということで、行政機構自体が成り立っているのです。それは防衛省も例外ではありません。

自衛官にやっていただいても悪くないと私は思いますが、そうすると何が起きるかというと、法律とか予算だけに精通した自衛官は育つかも知れませんが、部隊の統率とか普通の人間がやれない現場での活動ができる自衛官はその分だけ減ってしまいます。個人的には自衛官が中央官庁の文官と同じことをするのはどうなのかなと思っています。

防衛省改革会議の中でも出てきたことですが、内局は行政のプロでないといけないし、自衛官は部隊運用のプロでないといけない。お互いにプロとして、政治家である大臣をお支えするというのが望ましい形だというのが結論です。私もこれについては全面的に賛成で、大事なのはお互いの存在を意識して、相手を非難するのではなく、互いに自己研鑽を積み、我々文官は行政のプロになり、自衛官は部隊運用のプロとして活動していただくということです。防衛省が組織を挙げて、その実現に取り組んでいくことがいちばん望ましいと思っています。

「内局は敵ではなかった」

「先輩から『内局は敵だ』と教えられたが、内局の人間とよく話し合ってみると全く違うことがわかった」と、ある自衛官から言われたことがあります。この自衛官は、冒頭で紹介した「最初に爆弾を落とす先は内局だ」と言った人です。情報本部を作るというプロジェクトで、非常に揉めた事案でした。なぜ我々の組織の人間を取られて、統幕に独立した統合組織を作らないといけないんだというわけです。

長年かけて育ててきた情報関係の隊員を統幕に差し出さないといけない各幕に対して、「いや、統合したほうが情報の質は上がりますよ」と我々が説得する構図でした。予算と組織と人、すべてに関わることなので、非常に大きな抵抗がありました。

そうした激論を3年間ほど続けて情報本部は実現したのですが、そこで「よく話し合ってみると全く違うことがわかった」という言葉をいただいたわけです。

お互いに立場の違いなどを理解した上で、意見のぶつけ合いを続けていけば、最後には対立せずにわかってもらえる。目的は情報機能を強めて自衛隊を強くすることである以上、互いにわかり合えるのです。このときの経験が、その後の役人生活を続ける上で大きな自信になりました。

【質疑応答】

自衛隊の実情を国会で話すことは意義がある

石川昭政（衆議院議員）　人事権についてお伺いしたいんですが、制服の方と文官の方の人事権は、誰が最終的に決めていくのかということについてお教えください。

また、海外では軍人の議会答弁が珍しくないのは、その通りだと思います。では海外で制服の皆さんが議会で海千山千の議員の質問に対して、どうやり合っているのか。また、法律の策定や立法に携わるようなことがあるのかどうかについても教えてください。併せて制服が事務局に異動したり、人事交流があるのかどうか。その辺の運用がどうなっているのか、おわかりでしたら、教えて頂きたいと思います。

それと、議会答弁については、言われるように、なかなか統一見解がないなかで答弁するのは危険かなと思う一方で、参考人招致という形で、あまり法案には関わらないような委員会も開かれます。たとえば現在のウクライナ情勢について、自衛官はどう見ているかという答弁は、制服の方もできるのではないかと感じました。

黒江講師　まず人事権についてですが。形の上では最終的な判断するのは大臣です。ですから、それを内局の文官であれば内局の官房が補佐します。自衛官の昇任人事は、基本的に各幕僚監部が作成します。それを内局の人事教育局が大臣との間を取り次ぐ役目を果たすという形になっています。

私が見ていた範囲でいえば、各幕僚監部の希望している人事を、内局が覆すというようなことは、よほどの特殊な事情がない限りありませんでしたし、私自身はあまり記憶にありません。実態としては、それぞれの組織が、それぞれの人事権を持ち、大臣を補佐するという形で行使しているということだと思います。

統合幕僚監部にどういう人間を配置するかを決めるのは、形の上では各幕僚監部から案を持ってくるような感じだったと私は受け止めていました。そのあたりについては、ご出席されている河野元統幕長は違う意見をお持ちかもしれませんが。

海外での軍人の議会答弁についてですが、丁々発止というより、やはり軍事的な知見を率直に話すことが多いように聞いています。

法律の策定や関与ということですが、アメリカの場合、軍を退役してから、日本の内局にあたるOSD（アメリカ合衆国国防長官府：Office of the Secretary of Defense）に配属になったりするので、ちょっとそこは日本と違うかなと思います。

日本の場合、先ほど申し上げましたように、ポスト冷戦の流動期になって、さまざまな防衛関連の法律が制定されましたが、その策定過程では自衛官にも参加をしていただいております。悪名高いと言うと怒られますが、非常に詰めが厳しい内閣法制局の法案審査も一緒に行ってもらったり、実務面ではすでに進んでいる状況です。

やはり内局としても、自衛隊の部隊がどう行動するかというのがわからないと、法律に書けないということもあるので、そういうところの共同作業というのは、うまく進んでいると思います。最後に言われた委員会での参考人招致は、私も可能だと思います。他方、いったん呼ばれてしまうと、与党の先生方はよくおわかりになった上で質問されるのでいいのですが、時々、そうじゃない先生もおられます。

我々が国会で大臣をお支えするときもそうなんですが、非常に細かいところで揚げ足をとったり、間違いやすいような質問をしたりするわけです。そういうところに自衛官が出席して、引っかけの質問に惑わされずに答えるのは至難です。ただ、自衛隊の実情なりを委員会で話すことは意義があると思います。

杉田水脈（衆議院議員）　講演の最後に情報本部創設について触れられました。各幕が情報のプロを育て、それを統合するときにご苦労があったということですが、そのあたりの経緯についてもう少しお話しいただけますか。結果、出来上がった組織がどういう形になったのかとかいうことも含めてお教えください。

もう一点、私も国会答弁について、お話を聞いて、なるほどなと感じたところではあるのですが、たとえば自民党の中で政策を考えるときに、現役自衛官にも来ていただいて、意見をお伺いしたり、予算のことについて、どういう意見があるのかをお尋ねしたいことはすごくたくさんあります。もちろん政策立案には関わっていると思いますが、それはすべてクローズされた場でのことだと思います。国会であれば国民にも開かれているので、そこで話していただくことは有意義だと感じました。

黒江講師　情報の統合についてですが、これを最初に言い出したのは、先輩の西広（整輝）防衛事務次官です。それまでさまざまな情報に関する事案があったなかで非常に大きかったのはソ連による大韓航空機撃墜事件です。

１９８３年（昭和58年）９月１日、ニューヨーク発ソウル行きの大韓航空機が行方不明になったというニュースが朝入って、昼くらいから、どうもソ連機に撃墜されたらしいという情報が流れました。ソ連は当然それを否定したんですが、自衛隊の情報部隊がソ連の地上サイトと戦闘機の間の「今から大韓航空機を攻撃する」「目標は撃墜された」という交信を傍受し、その証拠のテープが国連の安保理で公開されて、ソ連が追い込まれたわけです。

これがソ連崩壊の一つの要因になったという見方もありますが、それまで自衛隊が取っている情報は戦術レベルのものが多く、自衛隊側もそういう認識でした。戦術レベルの情報というのは、いま申し上げたような部隊間の交信とか、レーダーに捉えられるさまざまな敵の航空機の動きなどで、そういう情報は、日常的に自衛隊が傍受しています。

それらの戦術レベルの情報が国の命運といいますか、国の政策決定そのものにダイレクトに影響を与えるということはあまり意識されていませんでした。ところが、この大韓航空機撃墜事件を通じて、戦術的に取った情報が戦略的に非常に意味があるということが明らかになったのです。

1989年の天安門事件のときもそうでしたが、北京は内乱状態で、鎮圧する軍の中で意見が割れて、一部の軍が反乱しているという情報がありました。それらは香港発の情報でしたが、我々自衛隊の情報では全くそういう兆候はなく、中国政府は一枚岩だという見立てでした。結果的には、自衛隊の情報が正しかったのです。

自衛隊がそうした情報をたくさん持っていることが認識されたのです。そういった情報は、国の政策決定に責任のある人、具体的には総理ですが、直結して伝えることができればいいのですが、それを総理につなげる道筋がありませんでした。そこで、陸海空自衛隊がそれぞれやっている情報組織を統合し、より大きなものにして、大臣や総理の近くに持って行きましょうという発想で始まったわけです。

ただ、各幕からすれば、自分たちが獲得した予算で傍受施設やレーダー・サイトを整備してきたのに、それをいきなり全部さらわれるというように捉えるわけです。私がその立場だったら、同じように思ったでしょう。そういうこともあって、各幕との大激論になったわけです。

最終的には、戦略レベルの意思決定を支える情報活動が重要で、そこを自衛隊がきちんとフォローすることは非常に誇らしいことで、それに対する理解は得られました。最初は統幕の下に置かれ、何年か経ったあとで、より大きな位置づけにしようということで独立した情報機関ができました。それが、いまの情報本部という組織につながったのです。

内局の存在意義の一つとして、内局は陸海空自衛隊からなかなか出てこない構想や企画を出しやすい独立した立場にあります。統合の事業については、統合幕僚監部と内局は立場がかなり近いものがあり、一緒に事業を進めましょうという構図になっていたように思います。

何でもかんでもシビリアン・コントロールでいいのか

田久保忠衛（座長）　シビリアン・コントロールについてですが、マスメディアの責任も大きいと思います。シビリアン・コントロールは時代的な背景があって、これを強調すべきときと、そうしてはいけないときがあるんじゃないかと思うんです。たとえば第二次世界大戦末期、日本の軍部が暴走しているときにはシビリアン・コントロールを効かさなきゃいけない。

マッカーサーが原爆を使って中国大陸を叩くと言ったときは、トルーマン大統領がマッカーサーを罷免した。これは当たり前のことだと思うんです。自衛隊は国民全体の中に軍事アレルギーがあるなかで生まれ、警察法体系の下に置かれています。さらに専守防衛などいろいろな縛りがあって、非常に不利な環境にある自衛隊にシビリアン・コントロールが必要だと騒ぐのはどういうことかと考えているんですよ。

私がまだ新聞記者時代、「栗栖事件」がありました。栗栖弘臣統幕議長が解任された事件です。栗栖さん自身は解任じゃないと言っていたように、私も栗栖さんの言う通りだと思いますが、内局の一防衛課長が、大きな顔をして机に足を乗っけて、栗栖を切ったのは俺だなんて言ってたことを覚えています。

いまはそういうことはないと思いますが、何でもかんでもシビリアン・コントロールでいいのかっていうと、かなり疑問がある。シビリアン・コントロールという用語の使い方は間違っていると私は思うんですけど、どうお考えですか？

黒江講師　私も文官の立場で、シビリアン・コントロールという言葉をあまり使いたくないと思っているところがあります。田久保座長がいみじくもおっしゃった、若い補佐が机に足を乗っけて最高位の将官を呼びつけて偉そうにしているというシーンは全く見たことはなくて、おそらく私が入庁した頃には、もうちょっと行儀のいい形になっていたと思います。

要するに、さきほど申し上げたように、やらないといけない任務というものがあり、それをきちんとプロとして遂行するということなんです。大事なのは制服と文官の間で、どっちが上だとかいう考え方はいけないということです。

だから、統制という言葉自体、どっちかが上にあるみたいな印象を与えるんですが、そういう意味で、文官が統制するとかいうことはあまり言いたくない。

実は講演でちょっと引用した「文民統制に関する政府統一見解」（平成27年3月6日）の中の内局の文官の補佐には続きがありまして、「文官が部隊に対し指揮命令するという関係にはない」という一文が記され、これが政府の統一見解です。これは当たり前のことで、総理が命令権者で、文官はその命令のチェーンに入っていません。

そういう意味で、コントロールというのを強調しすぎると不要な勘違いが生まれる。我々の先輩を見ていると、自衛隊をコントロールするという発想の人がいなかったわけではないと思います。

そういう人に共通して言えるのは、自衛隊の組織、定員編成、装備および配置に関する「基本」は内局の事務となる。基本とつくものは我々の所管であり、我々は上という意識を持っている人は確かにいました。そういう人に限って自己研鑽せずに、法律とか政令に書いてある基本という文言だけに依拠して勘違いしている。そういう官僚にはなりたくないと、私はずっと思っていました。

コントロールという言葉の使われ方は、田久保座長が言われたことと私が申し上げたことが同じかどうかは別にして、あまり乱用したらいけない言葉というふうに、私自身は思っております。

田久保忠衛　どうもシビリアン・コントロールは、黒江さんより、もっとずっと先輩で警察から来た、海原（治）さんとか久保（卓也）さんなど旧内務省系の人が言い出したのではないでしょうか。

記者時代、彼らを取材したことがありますが、自衛隊をボロクソに言うんです。戦前はサーベル（警察）より軍刀のほうが強かったと思うんです。これが戦後、サーベルのほうが上になって、昔やられた恨みを晴らすぞという思いがあって、必要以上にやったんじゃないかという気がするんです。とくに海原さんとは、よくやり合ったので、その印象を非常に強く持っているんですが、いまの内局にはもうないでしょうね。

黒江講師　そのあたりのことは客観的にご判断いただいたほうがいいと思うんですが、いま田久保座長が言われた海原さんは顔も存じ上げないような、そのくらい前の方になります。旧内務省といいますか、当時、軍にかなり押されていた警察という立場から、恨みという言葉は正しくないかもしれませんが、さまざまな力が入った部分はおそらくあったんだろうと思います。

それは、さまざまな文献を見ると、いろいろ出てくるのですが、いずれにしても理屈なく、内局が上に立って自衛隊をコントロールしないといけない、そういう感覚を持っている人間はいないんじゃないかと思います。ご同意いただけるかどうかはわかりませんが、少なくとも、私が見ている範囲では、きちんと組織の中で責任とれる立場になっている。そういう人間はいないというふうに思っております。

河野克俊（元統合幕僚長）　いま言われた海原さんとか、そういう流れってありますよね。後藤田さんもそうだったと思うんですが、当時は制服というものは、抑え込んでないと暴走するんだという考えが色濃い時代です。だから、シビリアン・コントロール、文官統制という考え方できたんだと思うんです。ですから、その薫陶を受けられた内局の方々は、やはり影響を受けられた方はある程度まではいたと思うんです。いま黒江さんが言われたように、動かない自衛隊であれば、政治家もあまり関心がなく、あとは文官がよく制服を見ておけよという時代だったんです。それが動く自衛隊になって来て、文官がどうこうするというのができなくなってきたんです。やはり時代が変わったわけです。

以前は、内局でもそういう影響を受けた人たちが結構いて、守屋武昌さんくらいまででしょうか。守屋さんは権力を持っておられて、人事も発動された方だったので、彼に取り入ろうとした制服もいましたよ。制服も悪いのです。彼に抵抗したらまずいぞみたいな空気があったのです。それも時代とともにずいぶん変わってきたと思います。

さきほど人事の話をされましたが、黒江さんが言われたように、いまはそんなことないと思うんですけど、以前は内局のほうが大臣や政治家との距離は近いですから、幕僚長人事に対する関心がない大臣の場合、事務次官が人事権の主導権をとるケースはあったと思いますが、これは政治家にも責任があります。いまはだいぶなくなってきています。

もう一つ、自衛官の議会証言の件ですが、インド太平洋軍司令官なども、年に1回くらいのペースで、担当区域の軍事情勢、司令官の考え方や見方を議会で証言します。インド太平洋軍司令官だったフィリップ・デービッドソンが辞める前に、6年以内に台湾の脅威が明確化すると発言したんです。おそらくあの発言は国防省の統一見解でまとめた話では全くないと思います。

実際、マーク・ミリー統合参謀本部議長は違う見解を述べています。ということは、デービッドソン司令官はどう考えているんだということが、非常に重いわけで、それを議会が聞くのです。おそらく日本の場合、議会証言に自衛官が呼ばれたときは入念なチェックを防衛省でやるはずです。そしてその通りに発言するということになるんですが、本来なら、司令官としての見解を言ってもいいと思います。その発言で法律が決まるわけでも何でもないんですから、そういう空気は作ったほうがいいかなと思います。

自衛隊の裁量権はどの程度認められているのか

堀茂（座長補佐）　アメリカは三権分立が厳しいので、軍人が議会で証言するときに政府の見解と相違しても、発言内容の責任は問われない。逆に立法府の権限において、軍人が個人として正直かつ率直に言うことが義務づけられています。その限りにおいて、軍人は政府見解とは違う意見であっても率直に述べることが許容されているというところがあります。そのあたりは日本のように議院内閣制の国とはちょっと違うのかなと思います。

軍と警察の対立についてですが、かつての内務省の陸軍に対する怨念はもの凄くて、軍が統帥権独立を盾にものを言うので、内務省とは常に対立していました。些細な兵隊の交通違反に端を発した「ゴー・ストップ事件」（1933年）などもありました。それらが何十年も蓄積した結果、戦後に防衛庁が設置され自衛隊ができてから、内局の伝統として、とにかく制服を抑えろ、あいつらは必ず暴走するんだという、何か一つの信条というか、スローガンとして教えられたのかなと思います。

いまもその残滓はあるんじゃないかと思っていまして、それは何かというと、前回、河野（元統合幕僚長）さんの講話を聞いていて、ちょっと驚いたのは、制服トップの統合幕僚長といえども、総理大臣には単独では会えないということです。首相の最高軍事顧問である統幕長ですら、内局の役人に同道してもらわないと会えないというのは、運用上の問題かもしれませんが、どういうことなんでしょう？

黒江講師　私が局長になる前、橋本総理のときですが、内局抜きで統幕議長と三幕僚長の4人を官邸に招待して話をするということをやっていた記憶があります。それは場の設定の仕方だけなんじゃないかっていう感じがしますけど、それをやろうとして内局のほうでやめてくださいって言うかというと、いまはあまり言わない感じもします。

言わないという意味は、そこはまさにお互いの信頼関係で、後々内局も含めて何かきちんと対応しないといけないような課題が、総理と統幕長との間で話し合いをなされたら、そこはやはり共有していただかないと、その後の仕事に差し支えが出るということじゃないかと思います。

堀茂　文民統制、本来は政治統制ですが、これまで政治が何をどう統制してきたのか。栗栖さんの事件は、いわゆる超法規的行動ということで法的不備を指摘されたわけですが、超法規的行動という言葉だけが一人歩きしました。ほかには個人的な歴史認識（いわゆる大東亜戦争肯定論）の披瀝で政府見解と違い失言として扱われたりで、そういう歴史認識や政府見解との相違みたいなものがほとんどでした。田母神俊雄さんの場合は少し違いますが。

要するに、本来の政治統制という次元では全然なかった。文官統制というのは、たぶんマスコミが作った言葉でしょう。法的に言えば、自衛官も内局も同じ官僚、厳密にいえば行政官どうしであって、なんで統制する必要があるのという点で違和感があります。

本来、統制というのは、それだけ軍の自律性と自立性を認めているからこそ、最終的な局面で政治判断で、軍を出したり引いたりという出師（すいし）や撤兵の判断をするのが本来の統制だと思います。

そういう意味で、いま申し上げた自衛隊のいわゆるオートノミー（自己決定権）と言いますか、用兵作戦の裁量権みたいなものはどの程度認められているんですか。たとえば有事になった場合の作戦行動は、すべて自衛隊に任せられるのでしょうか。

黒江講師　任せると思います。当然、開戦のときに、防衛出動をどのタイミングでかけるのか、どのタイミングで具体的な武力行使に入るのかというところは、総理が統制しないといけない。場合によっては国会の承認事項になりますので、国会が国会として姿勢を問われるわけです。そこはそういう形で責任を負っていただく。

他方、戦術的な局面で、どういう行動をすべきかは、これはまさにプロがやっておられるわけなので、そこに対しては、よほど大きな政治的な課題をともなうものでない限り、それはないと思います。

堀茂　ちょっと想像しすぎかもしれませんが、オペレーション・ルームでリアルタイムに作戦の遂行状況が映されているのを政軍両者が見ていて、そこで軍令的なものまで政治が指示するなんていうことが、あり得るんじゃないかなと思っています。その結果、作戦のタイミングとか整合性に混乱を来し、最悪は収拾がつかなくなるような混乱が起こらないか危惧します。

黒江講師　これがいい事例なのかわからないですが、私と河野統幕長が共通で経験したことが一つあって、北朝鮮が沖縄越えでミサイルを撃つということを宣言していたときに、海上自衛隊の船でPAC3（パトリオット・ミサイル）を石垣島に運ぼうとしたんですが、曳き船（タグボート）がなくってわかったんです。

安全管理からするとタグボートで押して行かないと、接岸するときに危ない。これができないという話になっているときに、官邸から連絡があって、とにかく明日の朝までに入れてくれと。結局、河野統幕長が決断されて、船を壊してもいいから、とにかく着けろと言われたんです。

これは堀さんが言われたこととレベルが違うんですが、PAC3が石垣島に着いた途端に撃たれるかもしれないわけで、あのとき官邸側の非常に強い意向も理由があると思いました。それに対して海自がリスクをとられて、判断をされたということかなと私は思っています。

他方、日々のオペレーションについて官邸から、こうしろみたいなことは私自身もあまり経験したことはないし、そこはやっぱりお任せしているということかなと思います。

堀茂　石垣島接岸の事案は、安倍晋三（元首相）さんと河野（元統合幕僚長）さんだからできたということもありますね。

自衛隊でないとわからない情報がある

田久保忠衛　講話の最後で「制服と内局が両方で大臣を支える形が理想だ」と言われましたが、私もその通りだと思います。軍政は内局、軍令が制服でということになると思いますが、国家安全保障会議（ＮＳＣ）では統幕長はアドバイザーですよね。正式なメンバーじゃないでしょう？アメリカではキューバ危機のとき、ケネディ大統領の前で堂々と四つ星の将軍が意見を述べて、これを参考にしてケネディが判断していました。フォークランド戦争のとき、サッチャー首相は軍幹部の意見を聞きつつ、自らの判断を下すシーンが映画にもありました。

堀茂　国家安全保障会議（ＮＳＣ）は議員で組織されるもので、総理大臣以下、総務大臣、外務大臣、財務大臣、経産大臣、国土交通大臣、防衛大臣、官房長官、国家公安委員長がオフィシャルなメンバーです。統合幕僚長は、いわゆるアドバイザーという位置づけだと思います。おそらくアメリカの国家安全保障会議も、法的には文官というか政治家が中心で、統合参謀本部議長はアドバイザーです。デフコン２のキューバ危機のようなときは、軍人が出席して意見具申していたのかもしれません。

黒江講師　大臣や総理をサポートする統幕長の立場と違う、常設の統合司令部作らないといけないという話がどこから出てきたかというと、直接の引き金になったのは3・11の東日本大震災のときなんです。当時、折木良一統幕長が、ほとんど総理のところに呼ばれて、行きっぱなしになっちゃうわけです。

他方、君塚栄治東北方面総監が現地部隊の統合司令官として活動されていて、中央から総理大臣の意向を伝えようとしても、折木統幕長は総理の面倒をみるというか、支援しないといけない。そこで隷下の部隊に対する指揮機能と、最高司令官に対する幕僚機能は分けたほうがいいとなったんです。

それで司令官は総理大臣に連なるコマンドチェーンの中に入るのですが、統幕長はちょっと脇に出る総理のスタッフの形になる。そのほうが機能的で効率的だという発想です。

櫻井よしこ（国基研理事長）　政軍関係でいえば、きちんとした軍事情報を両者が共有してはじめて政治家は適切な政策を打ち出せるわけです。もちろん現場のことに関して、昔でいう軍令は、軍が責任を持ってやるにしても、きちんとした意思の疎通がなければなりません。アメリカの大統領の回想録を読んでいると、統合参謀本部議長や参謀総長と非常に頻度の高い感じで会話をしています。

日本にもNSCがありますが、開かれる頻度は決まっていないのでしょうか？　全然開かれない時期がずっと続いていて、この内閣は大丈夫かなとも思うこともあります。自衛隊の側と官邸との連携、岸信夫防衛大臣（当時）がそれを代行するのかどうか。そのあたりはどうなっているんですか？

黒江講師　私が防衛政策局長や次官の頃は、まさに第二次安倍内閣で、国家安全保障会議（NSC）が制度化された時期だったんですが、その時は、曜日が決まっているわけではないですが、二週間に一回、麻生太郎副総理も含めた五大臣会合があって、そこには必ず防衛政策局長と統幕長と、あと外務省の総合政策局長がブリーフィングをしました。

NSCの本会合がない週は、防衛政策局長、統幕長、総合政策局長の三人が総理執務室に行って、その週のブリーフィングとして直接総理のお耳に入れる。ただ、これが始まったのは安倍内閣になってからで、それまでは、そういう慣例というのは全くありませんでした。

内閣情報官が定期的に総理のところに行くんですが、そこにご一緒したりですね。そのときは統幕長ではなく情報本部長であったりで、極力、そういう機会を持って、頻繁に総理のお耳に入れるようにしていたわけです。

私も現役を離れて五年になりますので、いまどうなっているのかはわかりませんが、防衛政策局長、統幕長、総合政策局長の三人が総理に直接ブリーフィングする機会が続いているといいなと思っています。新聞で「総理動静」を見ると、私の後輩が統幕長と一緒に入ったりしているので、継続しているなと見ているんですけどね。

櫻井よしこ　南太平洋の島しょ国に対して、中国が積極的に接近しています。そのことを政府関係者に聞いたら、アメリカやヨーロッパ諸国はようやく気づき始めたと言うんです。では日本はどうなんでしょう。中国の王毅外相が2022年5月に南太平洋の島しょ国を歴訪し、島しょ国10か国の外相会議を開催しましたが、たぶん日本政府は驚いたはずです。でも日本はちゃんと知っていたと言うんですが、そういうふうにはどうしても見えません。

常に軍事的な目配りをしている防衛省からのブリーフィングというか、情報の注入が、いま非常に重要な時期にあると思うんです。ですから、政軍関係というのはもちろん政府が上に立ち、軍はそれに従うわけですが、軍の情報を知らない限り、本当に正しい国家方針は作れません。そのことをとても心配しています。

わが国は、軍事的にこれからもっともっと厳しい状況に立たされます。毎週きちんと最新の安全保障上の情報を自衛隊から政治に注ぎ込む制度を作る必要があると思います。そうしないと本当の政軍関係は立ち行かなくなるんじゃないかと思います。

黒江講師　それもあって、安倍政権に対するノスタルジーみたいなものを私は強く感じるんですが、非常に懸念しているのは、NSCができて統幕長とご一緒して総理にご説明したりということを繰り返していたのですが、総理が代わられて、こういう慣例が変わっていくとなると、これは困ります。それが現実にならないことを祈りたいと思います。

櫻井理事長が言われるように自衛隊でないとわからない情報もあるし、自衛隊でないとわからない見方があると思います。そこについては、やはり為政者に直接伝わるようにしないと、本当に国を誤るということになりかねないと思います。何とか、そこは定例化すべきだと思います。

櫻井よしこ　中国の南太平洋への進出については、海上自衛隊の『海幹校戦略研究』に、10年くらい前から出ていたと思います。改めて南太平洋関係の記事を拾っていったら、ここにはほかにない情報がたくさん入っているんです。自衛隊の幹部学校や防衛研究所というのは、よく研究されていますよ。

政治家もそういうこと知って対処するのと、知らないで対処するのでは天と地の違いがあります。自衛隊の中には地道で優秀な部門があって、地道に仕事をしているわけですから、それを取り込む形を政治の側に作らないと正しい政軍関係はできないなと思います。

部隊運用の統合幕僚監部一元化

黒澤聖二（座長補佐） 講話の中で2015年（平成27年）に背広と制服の関係が整理できたと言われました。2015年の組織改編では、部隊運用の業務を統合幕僚監部に一元化するという目的で、いろいろな整理がされました。結局、統幕に内局の運用企画局の業務がすべて統合されるという形になりました。

ただ、内局の防衛政策局にその機能は一部残っています。その残ったのが運用に関する法令の企画立案という部分です。これは、私の個人的な感覚でいうと、統幕がせっかくできあがり、その部隊運用の業務を一元的に行なって大臣を補佐するという整理であれば、この部分も統幕がやってしかるべきだったのではないかなと思いました。

黒江講師　法制度の企画立案ということについて言うと、冒頭に申し上げたように、中央省庁の組織建てとして、大臣部局にそういった機能を持たせる形でやっているわけです。各省の場合には、自衛隊にあたるような組織は持ってないので、なかなか分かりづらいのですが、制度を作る機能というのは、まさにそういうところで、ほかの制度との兼ね合いであるとか、整合性であるとか、そういったものを勘案しながら作るわけです。

他方で、全く統幕自身が運用に関する法制度から外れているのか、企画から外れているのかというと、決してそんなことはなくて、統幕の中に総括官という文官のポストがあって、その下に課があるわけです。文官が中心の課なんですが、そういったところと防衛政策局が連絡を取り合いながら法制度を企画して行くということになります。そこで自衛隊側の意向が反映されないというのは、おそらくないんじゃないかと、私は思っています。

黒澤聖二　ご説明をありがとうございます。形式的なことですが、規則に言葉として残ると、後々禍根を生むのではないかと危惧したものです。内容的にしっかりした企画立案が、内局と統幕一体になってできれば、それに越したことはないと思います。

もう一つ、純粋に私の興味からの質問です。内局の職員の方々、シビリアンの方々が、部員という名称を使われますが、私が現役のときから「おや?」と思っていたことです。各省庁にも内部部局ってありますけれども、部員という用語は出てきません。防衛省設置法を見ると、第10条に「内部部局に書記官および部員を置き」というふうになっています。つまり法令上部員という言葉が存在しています。

しかし、なぜ防衛省だけ部員というのか、ずっと疑問に思っていました。いろいろな本には昔の陸軍参謀本部の部員、あるいは海軍軍令部の部員という名称を引っ張ってきて、これが元になっていると記載されていますが、これについて何か聞かれたことはありますか?

黒江講師　私も全く同じ説明を聞きました。旧軍の参謀本部員に由来している名称ということです。各省でいうと、課長補佐にあたるということですね。こういうことを言うと怒られるのかもしれませんが、別に部員だろうが補佐だろうが構わないと思いますが、もしかすると、非常に部員という呼称に誇りを持たれていた年代がおられたのかもしれません。

堀茂　海原（治）さんとか、昔の内務官僚系の方々はかつての参謀本部の部員が持っていた権威やプライドのようなものを覚えていて、あえてそれを使用したという感じがここに表れていると思います。

黒江講師　もし部員という呼称をやめましょうと内局が言い出したら、ＯＢがどう反応するかなという興味はあります。我々の世代では、そういうところは特別なものは感じていないですね。

櫻井よしこ　いまの部員という名称に関連して、ふと思ったのは、かつての日本軍と現在の自衛隊の間に、良い意味でも悪い意味でも、感情面とか、ある種の考え方の根底を成すようなものでつながりがあるのでしょうか？

河野克俊　黒澤君もそうでしょうが、海上自衛隊の場合、海軍善玉論、陸軍悪玉論には立たないんです。海上自衛隊は創設期から、我々は帝国海軍の伝統を受け継ぐ末裔だと正々堂々と世間様に言っていたわけです。ですから、「伝統墨守・唯我独尊」と言われるんですが、江田島の海上自衛隊幹部候補生学校も当時の海軍兵学校の雰囲気をそのまま残しています。伝統の継承ということをものすごく大切にしているんですね。そういう意味でずっと連続しているというのが我々の認識なんです。

陸上自衛隊の場合、やはり戦後の風潮として、旧陸軍がこういうことをしたんだというのが強いですよね。私は必ずしもそうではない面もあると思うんですが、陸上自衛隊は帝国陸軍とは違うということを明確にした歩み方をしているんです。

しかし、いまは陸上自衛隊も過去の伝統というのは大事だっていう方向に修正してきているように思います。ですから、我々海上自衛隊は旧海軍の軍艦行進曲（軍艦マーチ）を儀礼曲として使っていますし、自衛艦旗も同じ旭日旗です。陸自の場合、そこはちょっと変えてるんです。空自は完全に新しい組織ですからまた違います。

外務省と防衛省の判断の違い

石川昭政　外務省との関係についてお尋ねします。岸田総理は外務大臣を長くやられたということで、非常に外交に得意意識を持っていまして、おそらくそういう関係でいろいろな情報が総理に直接上がると思います。その一方で、韓国のレーダー照射の問題とか、海上保安庁が尖閣諸島のいろんな問題、軋轢があったときに、必ず外務省がまあまあまあみたいな感じで、丸く収めようとします。外交優先主義というんですかね。

それでは現場で頑張る自衛官や海保の隊員にとって、我慢しきれない部分もあるんじゃないかなと思うんです。そういう意味では、そのあたりをコーディネートする総理補佐官が大事だと思います。

いま総理補佐官に置かれている中谷元さんは自衛隊出身ですが、人権担当の補佐官ということで、安全保障担当の補佐官ではないんです。安全保障担当の補佐官は寺田稔さんで、岸田派で広島出身、核軍縮とか平和についていろいろと思いのある方が安全保障担当の補佐官ということです。そこに岸田総理の人事的な思惑が出ているのかなと私は外から見て思いますが、そういった外務省との関わりをどのように見ていらっしゃるのかお聞かせください。

黒江講師　これは非常に複雑なところがございます。言い始めるときりのないところがあるんですが、たとえば「チャイナ・スクール」の人たちって、基本的に中国と関係をよくしないといけないという方向に働きますね」というような見方があります。

私自身は彼らと付き合っていて、そこまで露骨なことばかりでもなく、中国と話し合う、あるいはやり合う最前線にいるので、その苦労はやっぱりあるんだろうと思います。そのチャイナ・スクールの中にも、垂秀夫さんみたいに非常に変わった、相手から嫌がれるチャイナ・スクールの人もいるんです。そこはなかなか外務省といってもひと括りにできない部分があります。

他方、官邸への浸透ということでいえば、外務省は伝統もあるし人の数も多く、官邸に五つ大事なポストがあるわけです。総理と官房長官と副長官が、政務二人と事務の副長官、それぞれに秘書官も出してるわけです。全員出して、なおかつ本省も回しているというのは、これはかなりの人的勢力なんです。防衛省の場合、そこまで人の余裕がないのが本音ではあるんですが、やはり官邸への具体的な浸透の手段は、外務省は非常に多く持っている。

往々にして、外務省の判断と防衛省の判断は違うため、さまざま対立する部分も出てきます。決定的な対立という意味ではなく、やはり立場が違うので、どうしても判断が違うわけです。典型的な例をあげると、PKOで自衛隊を海外に出したいというときに、どちらかというと外務省はどこにでもどんどん出したほうがいい、日本のプレゼンスを発揮することにもなるし、それが国際社会での日本の地位を高めることにもなるということで、積極的にコミットしたいわけです。

他方、自衛隊は資源が有限で、平素から何もしてないわけではなく、さまざまな監視活動などをしていて、そんなに余裕があるわけじゃない。そうすると、日本の安全保障にできるだけ直結するような場所を選んで出したいというふうに思うわけです。ですので、総論賛成で、各論は精査させていただくというのが我々の立場なんです。そういったところでの微妙な差がありました。

それともう一つ、外務省はどちらかというと平和主義的というか、融和的なほうに回りやすいのことでしたが、外国の例を見ると必ずしもそうではない。アメリカのボブ・ウッドワード（ワシントン・ポスト記者）が書いた『コマンダーズ（司令官たち）』という本があって、そこに湾岸戦争に至る意思決定の過程が書かれているのですが、それによると常に海外での兵力展開とか、軍事作戦に対して慎重な立場をとっているのは軍のほうなんです。

それは当然なんです。自分たちの部下が命を懸けてやることになるので、それは補給線がどうであるかとか、命を懸けるだけの価値があることなのかというのは、どうしても精査する必要があります。国務省系の文官は、どんどんやるべきだということで背中を押す傾向があります。

それもあって私は、あまりシビリアン・コントロールというのを言いたくないのです。好戦的なのはどっちだというときに、必ずしも軍人が好戦的ではないんです。そういったのと似たような感覚を外務省との関係で感じることもあります。

外務省との関係で非常に心に残ったことは、2003年11月、自衛隊がイラクに派遣される前に奥克彦氏と井ノ上正盛氏の二人の外交官がイラク北部を移動中に銃撃され亡くなられたことでした。あのとき外務省の人から直接言われたのは、自衛隊の場合、本当に安全かどうかを事前に念入りに調査した上で展開する。これまさに海外で武力行使しないという縛りではあるんですが、ある意味、安全かどうかを二重、三重にチェックして、安全だというところだけに行かせようとします。

ところが、個々の外交官はそうじゃなくて、どんな危ないところにも、ある意味、徒手空拳で行かされる。みんな自衛隊のことは安全性を気にするんだけど、外交官の安全は誰も考えてないって言われたんです。それまで持っていた外交官の仕事に関する認識を大きく転換させられましたね。

このように外務省との関係はプラス・マイナスいろいろあるんですが、やはりそこはうまく話し合いながら解決していかないといけないと思っています。

総理秘書官に制服自衛官を

田久保忠衛　官邸に直に情報を上げるということに関してですが、防衛省から、たとえば制服でもいいですよ、総理秘書官として官邸に入ってもらう。外務省、財務省、経産省、警察庁の秘書官が牛耳っているなんて、とんでもないことだと思うんです。自衛官が一人もいないっていうのは旧態依然で古いですよ。

黒江講師　これも、安倍内閣のとき、実際は民主党の菅直人内閣のときからですが、防衛省からも総理秘書官として行っておりましたので、いまは四人ではなく増えているんじゃないでしょうか。いま防衛省から行っているのは文官ですが、財務省のように二人出している省庁もありますから、そこに自衛官も一緒に行ってもらうというのは十分あってもいいと私は思います。

田久保忠衛　チャーチル首相の時代、現職の大佐級の連中が世界を飛び回って外交の根回しをやっていたんです。このような機動性のある大きな外交を首相官邸でできないかなと思います。

堀茂　第二次世界大戦後は、軍人が暴走するというよりも、むしろ文民の統制、それも恣意的な統制というニュアンスが圧倒的に多いと思います。たとえばベトナム戦争では、フォード・モーター社長のロバート・マクナマラが国防長官になり、情報組織の一元化や国防省の合理化だけでなく、個別の軍事作戦まで口を出して、どんどんいけという感じでした。

そのとき大尉クラスだったコリン・パウエルやノーマン・シュワルツコフが、のちにベトナム戦争の反省で、大義のない戦争はしないと誓ったといいます。黒江講師が触れられた『コマンダーズ』や『マイ・アメリカン・ジャーニー』を読むと、アメリカの若者を二度と他国での戦争の犠牲者にさせない、アメリカの死活的な利益でないところには若者を絶対に出さないという意志を感じます。

「無名の師」（起こす名分のない戦い）という言葉がありますが、起こすのは、軍人ではなく、むしろ文民指導者、最近でいえばドナルド・ラムズフェルドなんかまさにそれにあたります。

イラク戦争で、ラムズフェルド国防長官は勝手に統合参謀本部以外の人間を集めて作戦計画を立て、それを無理やりやらせたという実例があったほどです。まさに文民主導の戦争指導です。軍人の暴走というのは圧倒的に少ないというのが現状です。

黒江講師　自衛官の方々と日常的に仕事を一緒にしていると、隊員の安全確保ということに関する意識が非常に強いですね。それは当然のことだと思うんですが、そういう専門的な仕事をやっているから、そういうところに気がつかれて、我々以上に敏感に感じていると思います。

太田文雄（国基研企画委員）　本筋から外れますが、海外に赴任すると駐在武官の方と話をする機会が結構あります。駐在武官の不満として聞かされるのは、大きい大使館、たとえばワシントンであれば、大使の下に政務班、財務班、経済班、防衛班とあって、防衛班は自衛官ですが、ほかの班長はすべて公使なのに、駐在武官だけはその下の参事官なんです。入省がほぼ同時期の人が派遣されているのですが、駐在武官だけランクが一つ下です。さらに本国への連絡ルートも、駐在武官であっても防衛省に連絡することは許されず、すべて外務省ルートでやらなければいけない。駐在武官は、ほかの外務省出身の外交官と比べて一ランク下に位置づけられているっていうことなんでしょうか？

黒江講師　ランクについて言えば、大きな大使館といえど大勢の公使を持っていないと思いますので、おそらくランクは横並びじゃないかと思います。

連絡ルートについて言うと、確か20年くらい前に独自に本省に連絡しないという覚書は変わりました。外務省と防衛省に同時に連絡が入るように、機材もそのようなものを整備して運用しています。

堀茂　防衛省から外務省に出向ということですね？　シビリアンの資格で行くわけで、厳密な意味でミリタリーではないですね。

黒江講師　任地で、ミリタリーとしての活動に制約がかかるかと言えばほとんどの場合はかかりません。制服姿で勤務しても差し支えないし、防衛駐在官という肩書きで階級を名乗っても問題にされることはありません。出向かどうかっていう話は、どっちがそのポストの財源を持っているか、どちらが間借りするような形になっているか、そういう行政組織間のやり取りの問題だと思います。

櫻井よしこ　黒江さん、お話ありがとうございました。前回の河野さんに続いて、防衛省出身の方々のお話は現場経験に裏打ちされた内容だけに私たちの目を開かせてくれることがたくさんありました。お話を伺えば伺うほど、わが国の軍のあり方や政軍関係を根本的に見直すことが必要だと思いました。それも速いスピードでやらなければ問題に対処できないと感じました。

これは私たち全員の課題であり、責任であると思いますが、この百年に一回もないような大変化の時代に、日本がもうちょっとまともな自立した国になれるように頑張りたいと思います。この研究会もそのための一つの道だと思います。これからも黒江さんにはご指導いただければと思います。

（2022年6月1日）

【まとめ】文民統制の仕組みと改善点

政軍関係において、「文民統制」[1]は中核的な問題であり、政治の「統制」が必要なのは、軍が国防という国家最重要事を担う組織であるがゆえに、政治による特別な管理・監督が不可欠だからである。軍は政治の「統制」次第で、主体的で精鋭な組織にもなるが、逆に政治への反逆やその私兵にもなり得るリスクもある。

軍は代替のない唯一無二の実力組織であり、それ一個で自己完結性を有する組織でもあるからだ。我々は軍というものが、本来的に単なる一行政組織ではないことを改めて認識すべきである。

つまり、軍は自立性と自律性を特徴とする〝国家内国家〟[2]として機能することもあり得る組織であり、そういう組織への管理・統制は、ほかの行政組織へのそれとは大きく異なる。軍の管理・監督は、国家にとって最重要の死活的問題であり、その方法・手順次第では国家を破滅の淵に追いやることもある。

最高指揮官たる政治のトップは、他国への軍事介入や出兵をはじめ開戦という最高度に慎重かつ重大な決断をしなければならない。それゆえに、軍隊の編制や装備、そして行動基準についても高度かつ戦略的な「統制」が必要となる。加えて政治家は、軍隊の投入の可否が政治の専権事項であると同時に軍という存在の本質についても認識していなければならない。

具体的に言えば、軍の〝国家内国家〟的な本質ゆえに、腐敗した文民政府に対しては、クーデターも生起させるポテンシャルである。たとえ政府が腐敗していなくても、軍の恣意性が高まると文民政府を転覆させ、軍事政権を樹立することもある。[3] もちろん先進主要七か国（G7）などの成熟した民主主義国家において、クーデターを起こす蓋然性は極めて低いが、政治との対立や対峙というものは常に不可避と考えねばならない。

軍は政治的に中立であるべきだろうが、それは理想論である。なぜなら、軍も政治的思惟というものを有するからだ。軍は軍事的合理性や整合性という観点から国防を考え、周辺の軍事情勢を概観して政治にアドバイスする役割を担っている。他方、政治は国益や外交的価値を踏まえて総合的な観点から最終判断をする責任と義務がある。その責任と義務こそ、「文民統制」の存在意義というものである。

これまでわが国において、「文民統制」という言葉ほど誤解と誤用に満ちたものはない。ほとんどの政治家が「文民統制」の本質を知らず、その言葉を使うときは、せいぜい制服自衛官の問題発言で、彼らを馘首するときの常套文句でしかなかった。「文民統制」とは誰でも知っている言葉だが、誰もその本質がわからない言葉でもあった。

黒江講師が述べているように、わが国においては実力組織である自衛隊が防衛省という行政組織の下部構造に組み込まれ、軍隊としての自立性と自律性はずっと封印されて来た経緯がある。それが、「文民統制」ならぬ「文官統制」[4] という言葉に集約されている。すでに警察予備隊設立時から文官主導という既定方針があり、そのバックボーンとしてかつての「統帥権独立」[5] に起因する、帝国陸海軍への内務官僚を中心とした〝怨念〟ともいうべきものが強くあったのは事実である。

それゆえに憲法上の制約とは別次元で、軍隊ではなく警察的組織として自衛隊をポジティブ・リストで運用する方法になったともいえる。すべては文官たる内局の官僚が取り仕切り、制服自衛官はそれに唯々諾々とせざるを得ない現状を創出させていた。

この「文官統制」によって、本来、政治が主導すべきところを官僚の代理執行となり、すべては官僚が主導して管理・運用し、政治はそれを追認するだけというのが実態であった。

そのため、制服自衛官は〝動くな・喋るな・考えるな〟という状態にあり、法的にはほかの行政機構の行政官と同様、軍人とは異なる存在となった。さらには「用兵作戦」分野たる参謀本部的機能も、内局の官僚がリードするのが常態化した。自衛隊という軍令組織は、いまも防衛省という軍政組織に包含されている。かつてわが国における国防の実質的な最高意志決定機関は、参事官という他官庁出身の官僚が支配する参事官会議という時代もあった。

前述のことは、黒江講師が局長や次官在職時の制度改革や運用で相当改善されたが、いまも従来と同様に内局が主導して取り仕切る組織であり続けている。

本研究会での議論にもあったように、自衛隊は依然として警察的疑似軍事組織のままであり、ポジティブ・リストでの運用を余儀なくされている。憲法改正も必要だが、その前に他国並みにネガティブ・リストでの自衛隊運用と有事前の平時（グレーゾーン）での法的整備は喫緊の課題である。

これらの課題は制服組、背広組両者の協同で進めるべきであるが、それを主導するのも政治家の責務である。それこそが、政治統制たる「文民統制」の本来の趣意ということを忘れてはならない。

（文責：堀 茂）

（1）シビリアン・コントロール（civilian control）の訳語である。「文民統制」とは直訳で、シビリアン・スプレマシー（civilian supremacy）文民優位とも言われる。統制の主体は政治指導者であり、民主主義国家における軍隊組織に対する管理・監督の基本となる。国家が軍事行動を決意する、もしくは逆に撤退するという最終決断は軍ではなく、政治が主導して責任を持つということである。平時における軍隊組織の編成や装備そして人事についても、政治主導が原則となっている。

（2）ゼークトは「軍は、国家の中にさらに国家を建てるものであってはならぬ、軍はよろしく己を滅して国家に奉仕（すべき）」と規定しているが〝国家内国家〟としての主体性を発揮し過ぎるリスクも本質的に内在している。ハンス・フォン・ゼークト『一軍人の思想』（篠田英雄訳、岩波書店、1940年）123頁

（3）いわゆる途上国においては、歴史的に軍事政権は珍しくない。1961年の韓国において朴正熙陸軍少将主導による文民政権打倒や、近年では2014年のタイ国軍による政権奪取2021年のミャンマー国軍による軍事政権樹立などは記憶に新しい。クーデターでなくてもエジプトのように合法的な選挙によって選出された軍人出身者が、軍中心の政権運営を長期間担っている国も多い。

（4）「文民統制」から派生した用語である。統制の主体が政治家ではなく、内局の官僚が自衛隊を管理・運用している実態からマスコミ等で使用されていた造語である。たとえば「栗栖事件」時の新聞記事のタイトルの中には「文官統制の機能を生かせ」とあり、その言葉の含意には「文民統制」ならぬ「文官統制」が、自衛隊管理・監督の基本であるべきというニュアンスが読み取れる。

（5）帝国憲法の11条と12条の規定と『軍人勅諭』で、軍の統帥は大元帥たる天皇にあり、用兵作戦に関わる軍令については政府の関与はできないという解釈で一般化していった。たとえば張作霖爆殺事件や満洲事変は関東軍の自衛行動ということで作戦は行なわれ、軍が統帥権の独立を盾にすることで政府の統制は不能となり、現役の軍人である陸軍大臣といえども関与できない状況であった。またロンドン海軍軍縮条約では、政府が調印した補助艦の日英米の保有比率に不満を持つ当時の野党・政友会やマスコミ、一部右翼が激高して「統帥権干犯」を叫んで、不幸にも浜口雄幸首相は右翼青年に狙撃された。結局、与党・民政党は退陣を余儀なくされ、統帥権は軍が主張を通すためのマジック・ハンドと化して、政局をも動かすことになった。

第4章　成熟した民主主義国家における政軍関係

――信頼感と緊張感のはざまで

講師：浜谷英博（三重中京大学名誉教授）

政軍関係の定義と戦後日本の課題

一介の憲法学者がどこまで民主主義国家における政治と軍事の関係に迫れるか、はなはだ自信のないところですが、以前、アメリカの戦争権限法を詳しく調べた経緯があって、そのときから政軍関係に対しては、戦争権限の行使を中心に非常に関心を持ち続けている分野です。したがって、そのあたりの話も絡めながらお話しようと思います。

かなり古い話から、最近のオバマ政権、トランプ政権などで、政軍関係にどういう動きがあった

定義と解釈（レジュメ抜粋）

●政軍関係：民主主義を背景にし、主権者国民の選挙を経た政治権力と専門性を具備した軍事力とのあるべき関係→軍事力の政治権力への制度的従属が原則

●文民統制：民主主義国家における軍事に対する政治の優先→主権者である国民が選んだ代表（政治指導者）を通じて、軍事に対する政治の優先を実現する原理

●バランスと影響（文民統制の強弱による影響）：民主主義社会は緊張感のあるバランスを文民と軍人の相互の信頼で担保する

のかということも具体的に触れながら進めたいと思います。

最初に、政軍関係の解釈と問題の捉え方ですが、これは何回もこの研究会で議論になっていることと拝察しますので、簡単なレジュメを用意しました。

その中の一部、「バランスと影響」ということについて、一般的によく言われるのは、文民統制が強くなり、軍隊の政治関与を徹底的に排除すれば、軍隊の専門性が弱まっていき、いわば国防への不安が増す傾向になるという論理です。

反対に、文民統制が弱くなれば、軍隊の専門性がだんだん高まり、いわゆる政治の支配が及ばない軍事専門領域ができてしまい、国防は万全かもしれないが、必ずしも国内が安定的ではな

いという論理です。

民主主義社会においては、この緊張感をともなうバランスをいかに維持するか、文民と軍人の相互の信頼関係を基本として、いかにそれを維持するかということが重要なポイントになります。政軍関係の理想像は、政治と軍事における法の支配、これがいかに実現できるかということにかかっています。

文民と軍人の厚い信頼感、ほどよい緊張感、これが民主国家の政軍関係の基盤であろうと思います。政治権力を行使して政治判断を行なうという一方の人間と、軍事的な合理性を追求し、そして軍事力を行使するという一方の人間との間の信頼関係、これをいかに構築するかがこの制度の大前提になります。

当然、制度だけ確立すればいいというものではありません。その運用をいかに有効かつ有用に進めるかがポイントで、アメリカの政軍関係の実態などでも、いずれかに振れた歴史があります。振り子のように軍事が強くなったり、政治のコントロールが強くなったりします。このような歴史に我々はいかに学ぶべきかということを指摘していきたいと思います。

戦後長い間、日本で政軍関係が問題にならなかったのは、背景に牙を抜かれたような教育が進み、国民が軍事を忌避してきた経緯があり、議論そのものまでを避ける傾向があったからだと思います。

それが結局、９条神話を生み、現在に至っているということです。ところが、昨今の日本を取り巻く安全保障環境は、安穏としていることを許さない状況になってきました。真剣な検討が必要だということになって初めて、今まで考えてこなかったツケが回ってきています。

「羹に懲りて膾を吹く」、つまり戦前の羹に懲りて、戦後の民主社会で膾を吹いているような状況に陥ってきたのではないかと感じます。いずれにせよ、今後、憲法へ軍事組織条項の挿入などが実現すれば、政軍関係の在り方が喫緊の課題として浮上してくるのは当然のことです。

政軍関係の議論を日本はどう進めるか

文民統制確立の目的は、あえて言うまでもありません。もちろん軍隊は国民と国家を守るわけですから、強くなければいけません。しかし、軍隊に特定の意思を持たせると、民主主義そのものが壊滅に向かう場合もあります。

いわば、力の信奉者がそのまま政治を行なう、実際地球上にはそのような国家もいくつかありますが、こういう状況に陥る場合があるということです。したがって、主権者たる国民に政治責任を負っている文民政府および政治指導者が、軍部を常に実効的統制の下に置くというのが、民主国家の中での不可欠な要素になります。

次に文民統制と自衛隊の関係ですが、自衛隊は英語ではSelf-Defense Forceですが、外国人にとって、この意味が非常に難解です。自警団のように思えたり、ガードマンのように見えたりして、いろいろ議論があります。しかし、国内法的に自衛隊は軍隊ではなく、自衛を目的とした必要最小限度の実力組織として存在しています。

ただ、将来、憲法上の地位を確立して正規軍となった場合、憲法に国軍の規定を置いて、いかに文民統制を働かせるかという議論は、喫緊の課題になります。その場合に、よく言われる軍政と軍令、この役割を明確に峻別しておく必要があります。一般論で言えば、軍政事項には予算、部隊の編成、募集等々を含み、軍令事項は作戦計画の立案や実施、訓練を意味します。

役割分担の結果、担当する者は両分野に理解のあるほうが望ましく、そういう人材を養成する必要があります。英米では文官といえども、高度な軍事専門知識を備えた人は非常に多いのです。したがって、国防政策や中長期の戦略に関して激しい議論が行なわれることもしばしばあります。その中で日本は、どうやってこれから政軍関係の議論を進めるか、そういう点も課題になると思います。

憲法第9条の解釈と自衛権の行使

文民統制云々の前に根本的な課題としてあるのが、自衛隊を行政組織の一つとする国内法的な位置付けの問題です。自衛隊という組織は、現在、行政組織に分類されています。つまり、行動と権限、この両方は必ず行政法学で言うところの「法律の留保」という原則（行政機関が一定の行政活動を行なう場合、あらかじめ法律によってその権限が定められているという原則）に当てはまらなければなりません。

政府見解では行動と権限の両方に法律の根拠が必要とまでは言及されるのですが、自衛隊の行動の全てが、この行政法学上の行為に分類されるわけではないとも言われています。ここが曖昧な部分です。やはり自衛隊の場合は国内法的な行政作用と、対外的な作用が必ず出てきます。だから、その場合に果たしてポジティブ・リストだけで対外的作用が全て効果的なのか、当然疑問が生じます。つまり、政府は議論の対象になるのを避けている感じがしています。

いずれにしても、日本の国内法上でこのような特徴を持つからといって、国家作用の対外的な発露として、防衛行動自体の国際的評価が変わるものではありません。自衛隊が海外に行けば、必ずアームド・フォース（Armed Force）として扱われるのは当然ですし、それによって、日本は助かってもいます。

正規の軍隊であるからこそ、国際法上は交戦団体として交戦権の一部を行使できるということになりますし、敵の兵士の殺傷や都市の砲撃や破壊、領土の占領や占領統治、敵国への捕虜の扱いの要求、それらが付随的に可能になるからです。

次の段階として自衛隊が軍隊として認められた場合、どうやって法的に位置づけるのかも議論の対象になります。ただ一方で今の自衛隊が、たとえば防衛出動が下令された状況の下で、国際法上の交戦団体として交戦権の一部を行使できることは当然です。そのとき、日本の場合に特徴的なのは、政府解釈で必ず「専守防衛の範囲内」という制約がともなっていることです。

専守防衛というのは、別に憲法に書いてあるわけでも、自衛隊法に書かれているわけでもありません。1970年に第1号が出た防衛白書の中で使われた言葉に過ぎません。それ以降、ずっと専守防衛という言葉と概念だけが独り歩きを続けてきたということです。

ですから、解釈する人によって専守防衛の範囲がそれぞれ異なるという実態もあります。いずれにしても専守防衛の範囲内で、必要最小限度の防衛行動に限られることになっています。ただし、必要最小限度の範囲内からはみ出すものについてはあまりにも微妙で、まだ政府でも詰めた議論がな

日本国憲法第9条

日本国民は、正義と秩序を基調とする国際平和を誠実に希求し、国権の発動たる戦争と、武力による威嚇又は武力の行使は、国際紛争を解決する手段としては、永久にこれを放棄する。
② 前項の目的を達するため、陸海空軍その他の戦力は、これを保持しない。国の交戦権はこれを認めない。

されていないと思います。大体、何をもって必要最小限度かという判断を行なうこと自体が非常に困難で、簡単ではありません。

日本は独立国家として自衛権を保持していますが、国際法上のフル・スペックで自衛権が行使できるわけではないのです。自衛権の行使については、あくまで専守防衛の範囲内という縛りがついて回るわけです。これは集団的自衛権行使の一部容認ということが認められた後であっても、何も変わっていません。したがって国際法の概念から言えば、歪（いびつ）な、もしくは不十分な自衛権の保持になっているわけです。

日本の場合、交戦権も憲法上は否定されています。ただ、交戦権の否定という第9条第2項の規定は、芦田修正を経て解釈が二つに分かれていますから、どちらの解釈をとるかによって変わります。

第2項の「前項の目的を達するため」という文言が、国の交戦権を否定した条文までかかると読めば、交戦権は自衛のためには持てるという解釈が成り立ちます。逆に、そこで一回文章が切れているので、かからないと読めば、日本は交戦権を持っていないということになります。

しかし、自衛権を行使できて交戦権がないという実態はどのようなものなのでしょうか。これでは論理矛盾になりますし、自衛権が有効に作用しないのは当然です。したがって、交戦権は自衛のための戦闘行動もしくは自衛のための行動については、保有していると解釈するのが当然の帰結だろうと思います。

ただ微妙なのは、たとえば尖閣諸島の問題でよく議論になる民兵の扱いです。こちらからは兵士に見えても、向こうが漁民だと偽って主張した場合、対応が非常に難しくなります。相手が漁民という民間人を殺傷したことになれば、国際法上も容認されないという議論になるでしょう。このような困難なケースで自衛官がどう対処するかということについては、国際法上の戦争犯罪と言われかねないことを考えると、法的な整理を一度やっておく必要があるでしょう。政軍関係以前の前提として、一つ考えておかなければならない問題です。

文民条項が挿入された経緯

次は、日本の文民統制と憲法の問題です。一般に学者は、細かな議論の経過を追いがちですが、細かい説明は省略します。

つまり前述の芦田修正によって、憲法第9条第1項の前段と、憲法第9条第2項の前段が同時に加筆されたことによって何が変わったかというと、自衛も侵略も制裁も含めて全ての戦争を放棄したという解釈から、一定の戦争、とりわけ自衛戦争は放棄していないと読めるような余地を残したことです。

これを見抜いたのが、極東委員会（連合国の対日占領政策決定機関）側です。極東委員会側が、これで日本は自衛のための軍隊を保有できるようになったと読みました。だからこそ、第66条第2項、いわゆる文民条項「内閣総理大臣その他の国務大臣は、文民でなければならない」が入ったわけです。

日本がいっさいの軍事組織を持たないというのなら、憲法制定当時、日本には職業軍人はいないということになります。職業軍人がいなければ日本国民全員が文民です。誰が大臣になっても文民がなるわけですから、そういう意味では、第66条第2項にある「文民でなければならない」というのは論理矛盾になります。

ここを日本側は理解していなかったということです。より徹底した平和主義の発露だというような説明をして、国会でも非常にとんちんかんな答弁が多いのです。その当時、正確に日本の国民や政府がその意味を分かっていたら、その後の第9条解釈や自衛隊の存在への考え方も、全く変わったのではないかと思います。

この文民条項が挿入された経緯、これによって日本の自衛戦争が場合によっては可能になったということを、なぜそのときに誰も気づかなかったのでしょうか。気づいた人がいてもそれを議論しなかったのかもしれませんが、その辺は非常に残念だと強く感じます。

オバマ政権時代に見られた政治と軍の確執

次は現代の民主社会で文民統制がどういう課題を持っているかということです。よく言われる軍人の政治的発言、軍事的見地からの政権批判などは、現職の軍人に対しては、軍隊の中立性から制約されるものと思います。

それでは退役後、軍事的合理性に関する知見や軍事的見地からの発言はどうなのかということです。これは国民を啓発する、もしくは国防政策への〝現場〟からの参考意見として、原則的に自由だと思います。

ただし、将官クラスで退職した軍人は、職業上、高い守秘義務があります。つまり高い機密性のある情報に触れているわけで、たとえば現有兵器の弱点や欠陥、要するに防衛戦略上の穴などを、べらべら話されては困るわけで、その辺についての発言は慎重であるべきなのは当然の要請だと思います。

二つ目の課題になりますが、政治家が軍事力行使を決断するときは、やはり政治目的と軍事目的の整合性を図る必要性があります。軍人は軍事的合理性に基づく知見を駆使しますから、軍事力の行使による具体的作戦をいくつかの選択肢で提示します。それを政治指導者が、その選択肢の中から問題を議論しながら決断していくことになるわけです。

しかし、このいくつかの選択肢の内容が実は問題で、確かに選択肢として提示されていても、選択しようのない選択肢しか出されていないという場合があるのです。たとえばオバマ政権のときのホワイトハウスでは、NSC（国家安全保障会議）のスタッフの数が多くて、軍事作戦へのホワイトハウスの関与の仕方がものすごく細（こま）かく、いわゆるマイクロ・マネジメントと言われました。

このマイクロ・マネジメントによって、ホワイトハウスと軍の幹部の間に大変な確執が生じました。そのような状況で、２００９年後半にアフガニスタン戦略レビューが公表されました。その中で、確かに選択肢が三つほど提示されたのですが、政治は結局その中の一つ、米軍４万人の追加派遣を決定します。他の選択肢１万人と８万５０００人は全く現実性がなく、真ん中の４万人をとらざるを得ない、そのような選択肢しか軍部は示さなかったと言われています。

オバマ大統領は、その中から兵力をさらに１万人削って、３万人の追加派遣を決断して発表しました。ですから選択肢は、とり得る選択肢が三つではなくて、現実的な選択肢一つと、とり得ない選択肢二つを出して、合計三つでした。こういう選択肢を選択肢と呼べるのでしょうか。

大統領がとり得るオプションを大幅に制約したという意味では、果たして適切な選択肢であったかどうかは議論のあるところです。率直な意見の衝突というのは当然、軍人と文民の間であってもいいわけですし、軍事目的と政治目的の一致を図るためには自由な議論ができる環境だけは必ず作っておかなければならないと思います。

軍人と政治家の信頼関係をどう築くか

次は軍人と政治家の信頼関係についてです。なぜオバマ大統領がこのような状況になったかというと、彼自身あまり軍人が好きではなく、軍人を遠ざけていたと言われます。統合参謀本部議長との定期的な会談などもなるべく後回しにして、積極的に会わなかったということで、軍人サイドも不信感を募らせていったのではないかと思われます。

2009年当時、アフガニスタンでの対テロ作戦に関する戦略レビューが、駐留米軍のマクリスタル現地司令官から出て、それを受けてマレン統合参謀本部議長が複数のマスメディアを通じて、アフガニスタンで勝つにはこれしか方法がないというようなことを言うわけです。これはオバマ大統領にとって非常に気に入らないことでした。自分に対する圧力だと受け取って、マレン議長とゲーツ国防長官を呼んで叱りつけたと言われています。

そのときは二人とも謝り、今後そういう発言はしないと約束して収まったのですが、いずれにしろ、軍部とホワイトハウスの間で不信感が高まったことは間違いありません。それもこれも、マイクロ・マネジメントに原因があると思います。マイクロ・マネジメントの失敗例はいくつも思いつきますが、アメリカの政軍関係での成功例はほとんどないように思います。

よく引き合いに出されるのは、カーター大統領時代のイラン大使館人質事件（1979年にイランのテヘランで発生した暴徒による米大使館占拠および人質事件）です。あの人質救出作戦を指揮したのはまさにカーター大統領自身で、オーバル・ルーム（ホワイトハウス内の大統領執務室）から実際に指揮したと言われています。これがまた途中で予期せぬ砂嵐に遭ってヘリコプターが故障し、大失敗するわけです。

オバマ大統領の話に戻りますが、彼は軍人に対して不信感があるため、自分が直接作戦に関与しようとしました。たとえばリーパーという、航続距離が長くて監視能力と攻撃能力に長けた無人機がありますが、これを国防長官には全く相談せずに、オバマ大統領の補佐官が勝手に国防省からCIAに移管するように提案したりしました。それを後からゲーツ国防長官が聞いて腹を立てるわけです。

ほかにも、米海軍の艦船がイランの沖合でパトロール行動の最中に、イラン軍の小さな船がその前を横切って邪魔するわけです。これに米海軍が対応行動をとりたいと本国に伝えますが、オバマ大統領は進言を拒否して、機雷敷設や米海軍艦船への直接的な妨害行為以外は、いっさい手を出してはいけないと言うわけです。

そうすると、軍人としては、細かいことにまで大統領が口を出すことへの不信感が増していきます。その結果がアフガニスタンの戦略レビューの問題に反映されている感じがします。

そういう意味で、軍事的合理性について、統制する政治家に理解してもらう努力が軍人には必要になります。以前、有事法制の審議のときに、公述人として衆議院の委員会に呼ばれました。そのとき、参加議員の方が口々に「文民統制、文民統制」と言われるわけです。

そこで私が思わず、「皆さまはいま文民統制と声高に言われますが、つい先日まで安全保障は票にならないと言っていました。そういう人たちが、今度は文民統制と盛んに言われるのには、いささか懸念がある」と申し上げましたら、会場が一瞬笑いに包まれ、そのまま終わりになってしまいました。

こういう実態から言うと、日本にもサム・ナン氏が必要なのではないかと思います。サミュエル・ナンという、アメリカの上院議員のことです。彼は1986年から95年までの9年間、上院の軍事委員長を務めた人で、レーガン、パパブッシュ(ジョージ・H・W・ブッシュ)、クリントン政権にまたがる期間です。ジョージア州出身で、私はアポを取って、上院の事務所まで会いに行ったことがあるのですが、ちょうどそのとき、緊急事態対応ということで本人には結局会えませんでした。誇るべき軍歴もない方で、アメリカの沿岸警備隊とその予備役の9年間くらいの経歴しかないのですが、軍人の間では非常に信頼の厚い人でした。

たとえば軍の訓練の視察や軍の行事で雨が降ることがあります。軍人は傘をさしませんから雨の中でも濡れながら立っています。ところがサム・ナン議員もテントに入らず、雨が降ってもそのまま立っており、そういう光景が軍人の心情に訴える部分があると言われています。

またサム・ナン議員には趣味と呼べるものは多くなく、唯一あるとすれば、週末にベッドの上で兵器のマニュアルを読むことだというのです。これには驚きましたが、要するに兵器の性能とか仕様について軍人よりも詳しいと言われていました。

たとえばこういう政治家がいれば、軍人の信頼も非常に厚くなるのではないでしょうか。軍人の心情と軍事的合理性の良き理解者として、そういう政治家がいる安心感、それが政軍関係をいい方向に回していく一つの原動力になるのではないかと思います。

軍事アレルギーからの脱却

次は、文民統制と国民の理解ということです。それには軍事アレルギーからの脱却が必要です。戦前の反省自体はもちろん重要ですが、だからこそ正しい軍事の在り方、在るべき姿を模索するという方向性が重要です。

軍事については初めから議論しないという方向に行ってしまうのは、明らかな誤りです。現状の安全保障環境は、憲法を作ったときとは激変しているわけですから、軍事力をきちっと保持して、これを完全にコントロールし、実効性のある政策実現のために利用することが重要になってくると思います。

外国における軍人の待遇や退役軍人に対する処遇なども日米で非常に違います。国民意識そのものも違います。米国では軍人に対する尊敬の念が強く、また軍人のほうも軍人であることの誇りを持っています。

米国の軍人は、現役はもとより、退役軍人も同様に非常に尊敬されています。また、それが制度面や処遇面でも整備されており、たとえば軍人恩給制度や退役軍人省の設立などがそれにあたります。

各基地内にある将校クラブなどが、現役や退役した軍人の家族にも休日などに開放されていて、非常に待遇が良く、軍人の家族にも手厚く処遇することが徹底されています。

たとえばホテルでベテラン（退役軍人）の証明書類を示すと割り引かれたりします。あらゆるところに軍人に対する配慮がなされているということです。この辺の国民意識の違いというのは非常に大きいと思います（米国では軍関連の休日は年に3回ある。現役将兵らに感謝する国軍記念日。退役軍人を賞賛する復員軍人記念日。それと戦没将兵記念日）。

では日本でどのように国民の理解を醸成していくかですが、やはり教育しかないと思います。大学や大学院に国防論、国家安全保障論あるいは軍事学など、こういう講座がほとんどありません。まずこれらを設置して、この分野を学問、研究対象として確立していくことが重要かと思います。日本でも危機管理論は多くなってきて、危機管理学部などもできましたが、ほとんどは企業の危機管理や災害対応という分野です。

国家の危機管理を大上段に振りかぶって講義している大学は、私は寡聞にして知りません。一般教養科目もしくは専門科目として、学部を越えて自由に選択できるような形で設置する必要があると思います。

カリキュラムの導入を検討する上で参考になるのは、東京都市大学（当時は武蔵工業大学）で私が15～16年ほど非常勤講師をしていたときのことです。その最後の数年間に社会教養ゼミというのを大学側が企画し、学生は学部を横断して受講でき、社会人も入ることができました。私も非常勤ながら関わりました。

そうすると、非常に関心のある人が集まってくるのです。もともと工業大学ですから、国家の安全保障や憲法論に関心がないと思っていたら実は逆で、高い関心があり、「こういう話は聞いたことがない」と言うのです。今まで聞く機会がなかっただけで、そういう知識に飢えている人たちがどんどん集まって非常に盛況なゼミになりました。

もう一つ、これも我田引水になりますが、三重中京大学（当時は松阪大学）のカリキュラムで、私が学部で担当した「国家と法思想」の講座などがあり、のちに大学院では国家安全保障論を持ちました。一時は、自衛隊から大学院の正規院生として1名を預かり、年間を通して面倒をみるという機会もありました。院生相互の交流も盛んでした。いずれにしても、こういうことを地道に積み重ねることで、軍事学や軍隊に対する忌避感がだんだん消えていくという気がします。

ルーズベルト大統領の信頼を得たマーシャル陸軍参謀総長

次は、民主主義国家における軍隊のあり方についてです。まず軍隊というのは、いわゆる実力組織ですから、使い方によって良い方向にも悪い方向にも行くのは明らかです。ですから、憲法や国内法体系の下できちっと位置付けておくことが何よりも必要だと思います。

そして軍事政策に関わる権限と責任を明示して、これを完全にコントロールすることが何よりも大事です。政治指導者への助言に関していえば、軍の指揮官は一種の義務として自ら政治判断を行なうのではなく、軍事専門的な観点からの意見を率直に述べること、これこそが軍人としての矜持だと思います。

その際、政治指導者からは具体的な最終目的が示されることもあるでしょう。軍の指揮官が作戦計画を立てる段階で、最終目的がわからなければ作戦を立てられないからです。しかし、常に変化する状況の中で、政治指導者がダイナミックな政治判断をしていくことは不可能に近いはずです。不確定要素が多すぎると、政治目的も抽象的になりがちです。そうすると、政治指導者は、軍の指揮官に対して可能な限り選択肢を多く求めるようにもなります。そのような状況の中で、軍人も政治家も葛藤するのだと思います。

アメリカの政軍関係の中で理想的といわれるのが、ルーズベルト大統領とマーシャル陸軍参謀総長の関係だと言われています。ルーズベルトがまだ非常に大きな権限を持っていて、1938年の対独政策を行なった頃の話です。

ルーズベルト大統領は年間1万機の航空機を増産するという政策を打ち出しました。マーシャルは、ルーズベルトが陸軍参謀総長に抜擢した人で、まさか反対するわけはないだろうと思っていましたが、全員が賛成するなか、マーシャルだけが反対したのです。

反対の理由は、後方支援や具体的な訓練計画が不十分だというのです。軍事の専門家の立場から大いに懸念があるとして反対したことが、逆にルーズベルトに気に入られ、その後も大統領の信頼を得て良好な政軍関係が維持されたと言われています。

政治指導者から最終目標が示されたら、軍の指揮官は作戦行動に関わる選択肢を提示します。そのとき期待される軍事的効果と想定されるリスクを軍人は冷徹に分析した上で提示しなければなりません。当然、死傷兵は出るし、国民の被害が出るかもしれません。人的のみならず物的被害の想定も必要になります。これらを勇気を持って政治指導者に示すことが必要だと思います。

政治指導者にこそ必要な危機管理の訓練

政治指導者は、いざとなったら肚を決めて政治決断することが必要です。しかし、戦後の日本の政治家には、こういう多大なリスクをともなう政治決断をした経験がありません。なかったというのは平和で幸せなことですが、人の生命を懸けた政治的決断をしたことがないのは事実でしょう。自衛隊の指揮官もリスクをともなう厳しい選択肢、これを具体的に政治家に説明した経験はおそらくないでしょう。政治家もそれを求めたことがないと思います。ただ、これはすごいなと思ったことがあります。それは東京都の対テロ訓練のときの話です。石原慎太郎氏が都知事で自衛隊ＯＢの志方俊之氏が危機管理監をされていました。

志方危機管理監から聞いた話ですが、そもそも訓練は何のためにやるのかということです。訓練というのは、危機管理要員として担当者の能力を鍛えること、それは一面であって、もう一面は、トップに立っている指導者の政治決断の体験を積ませることだというのです。

一例として、ある対テロ訓練の話をします。訓練の想定は、池袋の芸術劇場に仕掛けられたダーティーボム（放射性物質の散布で放射能汚染を意図した爆弾）で800人の観客が4000ミリシーベルトの放射能を被曝したというものです。4000ミリシーベルトを全身に浴びると半数の人たちが骨髄障害で死亡するほどの高線量です。

観客800人が被曝した以上、救助に向かわなければなりませんが、ハイパーレスキューを派遣すると、レスキュー隊が2次被害に遭う可能性が非常に高いわけです。そこで、人道的な配慮と合理的な判断の間で侃々諤々の議論になります。

その議論をずっと石原都知事に聞かせておいて、最後に「都知事、行きますか？　やめますか？」と尋ねたところ、石原都知事は「行くな」と断言しました。800人を犠牲にする決断を今の政治家はしたことがあるでしょうか。もちろんこうした決断をしたくはありませんが、このような状況をシミュレーションしておくことは必要だと思います。

ある国民保護訓練のときに私が評価委員として地方に行った際、知事もいなければ、連携する市町村長さんも参加していませんでした。それで最後の評価のときに、「首長さんは誰のための訓練だと思っているのか」と苦言を呈しました。結局のところ訓練が軽んじられているのが現実ですが、高度な政治判断の経験を積むには訓練を軽視してはなりません。

さらに大事なことは、政治目的と軍事目的が合致しなければならないということです。政治指導者の判断は最終的に政治目的を実現するためのものです。軍人は軍事的合理性を追求して目的を実現させようとします。この両者が対立するのは常態です。対立しないほうがおかしいのです。その中で、最後は一つにまとまることが非常に大事で、選択肢をどうやって収斂させていくかが重要です。

政治指導者による軍事政策の最終決定に至るまでは、最悪のシナリオも用意しながら、軍事専門家として考え抜いた作戦行動を政治指導者に説明し続ける努力が必要だと思います。

最終的な政治決断がなされたら、軍人がそれに従うのは当然です。そのためには相互の信頼関係が何より大事です。シビリアン・コントロールを行なう際には、日本の場合、信頼できる自衛隊トップを自分のそばに置いておくことも重要です。安倍晋三氏が内閣総理大臣のとき、河野克俊統幕長を手離しませんでしたが、非常にいい関係だと私には思えました。

政治優先の原則と軍の政治的中立

最後に軍事組織に対する政治の優先と、軍事組織の政治的中立性についてお話しします。文民統制のあり方としては、軍事組織に対する政治の優先は言うまでもありません。これは民主国家の原則です。政治指導者による最終的な政策決定に対して、いかなる状況下においても、民主主義国の軍の指揮官は絶対的に尊重、服従しなければなりません。

その考え方の根底には、政治指導者が選挙で選ばれた国民の代表であり、国民の意思を代弁しているという現実があります。また同時に軍隊は、いかなる場合も国民の意思に従う国民の軍隊であるべきで、これは当然の帰結だと思います。

その場合、軍隊の専門的判断が正しいか否かは問われません。政治判断に服従するという原則を守ることが重要になるのです。極端な例を挙げれば、シビリアン・コントロールが効いた結果、戦争で大負けした場合です。軍人が軍事的合理性を説明したにもかかわらず、政治指導者がそれを採用せずに別の選択をして大敗する可能性もあるということです。

当然、軍人のほうも文民統制に関する理解を進める必要があります。軍隊外での研修機会や訓練を通じて、ダイナミックな政治の現実を体験させることも重要だと思います。社会がどのように動いて民主主義が実現されているかということを、軍人に身をもって体験してもらう意味で、軍人に文民側の教育機会を多く設けることも非常に重要と思います。

他方、政治指導者も軍事専門性を理解することが大事です。アメリカの実態を見ますと、政治指導者が軍隊の高度な軍事的専門性を理解して、それを尊重すればするほど、軍の指揮官は民主主義国家における文民統制の原則を率先して遵守します。つまり、この人は軍事をわかっている人だと思えば、自分もきちんと文民統制に服する態度をとるということです。

つまり文民統制というのは、軍隊に対する強制力によって有効性を担保しているわけではないということです。政治指導者と軍の指揮官の双方が民主主義の本質をきちんと理解し、両者が協力して文民統制を機能させている、そういう発想が政軍関係のいちばんのポイントではないかと感じます。

軍隊の政治的中立性について付言すれば、英米では時に、退役将官の発言が軍隊の意見を代表するものとして高く評価されます。退役軍人であっても、その発言は非常に重いものがあります。米大統領選挙の最後の決め手として軍人の支持を得て当選したということをたびたび聞きます。クリントン氏のときは、従来、共和党支持であったウィリアム・クロウ・ジュニア前統合参謀本部議長が、軍隊の中立性を示すため、あえて民主党のクリントン氏支持を表明したことで大きく流れが変わったと言われています。

現在も退役将官の政治活動は活発化しています。良い点と悪い点の両面があり、軍隊の政治的中立性を保つ原則がだんだん揺らぎ始めているという懸念も指摘されています。

その背景には政治を信頼していない国民性があります。アメリカでは、軍隊が政治的に中立であればあるほど信頼されますが、逆に言えば、特定政党への支持表明は、軍隊の信頼感に影響を与えるということです。

英国では、軍隊は国王の軍隊であり、そのことに誇りと自信を持っています。歴史的には日本でも、天皇の軍隊という発想がありますから、親和性があります。国王にせよ天皇にせよ、いずれも政治から距離を置く超然とした存在というところがポイントだと思います。

政治から距離を置くということは究極の中立性です。これが実践されて、国民の期待を集めているわけです。2022年のエリザベス女王の葬儀において、軍服に関する論争がありました。それはヘンリー王子に軍服を着せるか着せないかという議論です。正装の中でも軍服は最高位のものです。このことからも、軍人に対する敬意が色濃く感じられます。

【質疑応答】

軍事忌避には教育機会を、政治決断には訓練機会を

長尾敬（前衆院議員）　文民も軍事がわかってないとバランスが悪いと感じました。日本はまさにそのバランスの悪い典型で、バランスが良ければ、軍隊の政治的中立性が高まり、軍隊に対する信頼はますます高まるということはよくわかります。バランスが悪いことを直す教育はどこでやっているのか、あるいは今後、どういうところでやっていくべきなのか、ご教示ください。

浜谷講師　日本ではは全国的なレベルでそのような教育をしていません。どこがやるべきかですが、学校でやるしかないですね。小学校からやる必要があるかは別として、大学では必ずやるべきです。そして学部横断的に関連講座を設け、どの学部に所属していても必ず関連する科目を選択できる形にして、その積み重ねが、軍事に対する忌避感を払拭していくことになると思います。遠回りかも

しれませんが、それがいちばん近道ではないかと思います。

織田邦男（元空将）　政治家に対しても教育の機会はものすごく重要だと思います。先日、実際に政治家を入れた政策シミュレーションをやりました。政治家には総理大臣役、防衛大臣役、外務大臣役が割り当てられたのですが、諸外国では珍しいことではありませんが、日本ではこれまでほとんど実施してこなかった。出席した人は自分の無知を恥じたと言います。

本当に厳しい状況下で決断を迫られるというのはこれだけ大変だということをわかってもらう。その上で、さらに興味を持って自分で軍事を勉強した人たちがトップに上り詰めるというのが、私は理想的だと思うのです。

実際に小泉元総理のときに首相官邸に行って、空自のイラク派遣の案件について説明したことがありますが、あまり興味を示されなかった。一言「そこは大丈夫か」と言われた程度です。河野元統幕長の話では、安倍元総理のときは対照的に、報告時間が20分の予定でも、質問がどんどんあって、さらに宿題をもらって帰ったそうです。それが普通だと思うのです。

最高指揮官が自覚を持てば、いかに厳しい決断をしなければいけないかがわかる。その結果、しっかりと軍を統制できると思うのです。たとえばチャーチル英首相の頃の第二次世界大戦時、絶対解けないとされたドイツのエニグマという暗号機をイギリスのチームが解読しました。ただし、解読したということは絶対に敵に知られてはいけない。

そのとき英国のコベントリーという人口10万の都市への空襲の情報が解読される。さてチャーチルはどうしたか。いっさいスクランブル機（要撃機）を上げるなと命じたのです。要するに住民を見殺しにするわけです。それは、まさに究極のシビリアンの決断だったと思うのです。軍人では絶対そんなことできません。事前に知ったら、スクランブル機を上げて邀撃します。

スクランブル機を上げたらエニグマが解読されたことがドイツにわかってしまう。そうなれば全般の戦況にとって極めてマイナスだと、チャーチルは決断したわけです。そんな決断が、果たして今の総理大臣にできるでしょうか。

今回の政治家を交えた政策シミュレーションは年に最低一回は必要ではないかと思います。以前は防衛研究所でやっていましたが、政治家や官邸に声をかけても、全然のってこなかったそうです。今回は民間のシンクタンクでやりました。次はやはり官邸でやる必要があると思います。内容は公開しなくていいと思うのですが、実際の総理大臣、防衛大臣が参加する必要があると思いますね。

例年9月1日に行なう防災訓練は、ダンスを踊っているにすぎない。決まったステップを踏んでいるだけの話だから頭の訓練に全然ならない。やはり、究極のところで、右か左かという決断を迫るような演習をすべきです。だから、最終的には官邸でやる必要があると思います。

英国王室と軍の関係

太田文雄（元防衛庁情報本部長）　浜谷講師が最後に言われた、イギリスの件についてです。

現在のチャールズ国王は、制服を持っていて海軍元帥です。それから、妹のアン王女は海軍大将で、ご子息のウィリアム王子は空軍大佐です。ヘンリー王子はエリザベス女王の葬儀のときには制服を着用していませんでしたが、通夜のときは着ていました。

実は戦前の日本も英国並みに皇室は軍に近かった。昭和天皇は陸海軍大元帥、その弟の秩父宮殿下は陸軍少将、高松宮殿下は海軍大佐、三笠宮殿下は陸軍少佐でした。戦前と何が違うかといえば、結局、憲法だと思います。先ほど講師は、軍事に対する国民の理解の醸成は教育しかないと言われましたが、今の憲法を直さない限り、軍に対する国民の理解は進まないという印象を持ちます。

最後に政治判断について一言。私が情報本部長のときに、イラクに復興支援のために兵力を出すということがありました（2003年～09年まで行なわれた自衛隊イラク派遣）。そのとき、どのくらいの人員が必要かということで、当時の陸幕長が800人という算出結果を出したところ、官邸から駄目だと。官邸サイドが500人にしろと言ったそうです。

その理由は、800という数字がメディアに先に出てしまったから、気に入らない。だから500にしろと言う。政治的な理由とは関係ない判断で、軍事的合理性から積み上げた数字を一方的に無効にするというのは、いただけないなという印象を個人的には強く持ちました。

浜谷講師　ご指摘の英国王室の話ですが、軍隊そのものが君主の私兵的なものから始まったという説もあるくらい、イギリスの場合は君主の軍隊です。それが民主国家になって、誰かが軍隊をコントロールしなければいけなくなりました。君主の軍隊である以上、自然に政治的な中立性は保たれることになります。英国の軍隊が非常に尊敬されるのは、左右に振れることなく、伝統が継承されてきたという事実が非常に大きいと思います。

同じように日本も天皇の軍隊という形にしたらいいのではないかという主張もありますが、第二次世界大戦時の天皇の軍隊という負のイメージが強く、それらを払拭するには抵抗も大きく、日本の情勢はそこまで行っていないという感じを持ちます。

田久保忠衛（座長）　講話の中で教育の問題が出ました。太田さんが重要な点を指摘されました。エリザベス女王の葬儀でヘンリー王子は制服の着用を許されませんでした。これは立憲君主制の下の軍隊はどうあるべきかという問題につながると思います。英国王室のメンバーはみな軍籍を持っています。日本もそうすればいいという考えもあるけど、今の状態ではとてもできない。

だから、原則として皇室と自衛隊の距離を近くすることが重要です。これすらも、今の政治家は思いもしないし、口にすることさえ憚(はばか)られる状況です。

そこで初めの小さな一歩として、総理大臣の下に自衛隊の中で最も優秀な人材を一人、秘書官として送り込むことが大事だと思います。財務省、通産省、警察庁が秘書官を送っていて、どうして自衛隊から一人も送れないのか。一人入れておくだけで全然違います。

さらに、すべての大学が自衛官の入学を許可すること。そして、防衛大学校を完全な軍学校にすること。これは、「防大は一般大学と同じ」と言った猪木さん(猪木正道・第3代防衛大学校校長)がいちばん悪いと思う。防大は軍事を専門とする軍学校ですよ。一般大学とはっきり分けるべきです。

軍学校としての性格づけを明確にして、民間人から校長はとらない。軍出身のしかるべき人格者が防大の校長にならないといけないと思います。

浜谷講師　防大には副校長で制服の人がいますが、校長は別のところから来ますね。ご指摘のように、制服出身者が校長になることは考えるべきです。もう一つ私が懸念するのが学術会議です。学術会議によって、防衛省との共同研究などが制約されています。結果、一般大学が防衛省に対して門戸を開きません。軍との共同研究は諸外国では普通にやっていることです。

問題は法制度にある

堀茂（座長補佐）　法制に関する質問をしたいと思います。内閣の自衛隊に対する指揮監督権が行政権の範疇というのが現状だと思います。そこでいわゆる、統治権とか執政権みたいな統帥権につながる問題というものは考えられているのでしょうか。

浜谷講師　その点はあまり詰めて考えたことがありません。いわゆる防衛公権という発想からすれば、防衛権そのものが国家機能の一つとして独立したものであっても全く不思議ではありません。

ただ、それを担うのが行政組織の一機関でいいのかということのほうが問題です。行政組織の一機関ということは、行政法上の制約が必ずついて回るわけです。それにより法律の留保が求められ、最後はポジティブ・リストという結果が導かれます。

この矛盾を根本から直さないと、いつまでたっても矛盾が解決されません。こういう状況をなんとかしたいと思います。

堀茂　対外作用として、諸外国はネガティブ・リストになっていますが、対内作用、つまり国内においては、国民の権利義務に関係します。ですから、これはやはり国内法制上の議論が必要だと思います。

たとえば自民党で平成24年に出された憲法改正案では、国防軍の条項がありますが、それを読むと、「国防軍は、前項の規定による任務を遂行する際は、法律の定めるところにより、国会の承認その他の統制に服する」となっています。これを普通に読めば、やはり一般行政法のもとでは、ポジティブ・リストにならざるを得ない。

だから、対内作用はこれでいいとしても、軍隊としての対外作用においては、国際法や戦時国際法を遵守すればいいという解釈ができればいいのですが、そのあたりのことをお聞かせください。

浜谷講師　二面性があります。自衛隊は行政組織の一部として存在しています。ということは、行政法の基本原則がそこに適用されるという建前になっているわけです。

自衛隊が国内で行動する限りにおいては、それは国民の権利義務に直結します。行政組織は国民の権利をなるべく制約しない形で行政組織の目的を追求することが原則で、自衛隊も国内では法律に基づいて行動するということです。

一方、敵が日本に攻め込んできたら、敵兵は日本の行政法を守るわけがありません。そういう中で、自衛隊が行政法規を守っていたら防衛などできるわけがありません。それを考えたら、対外的なものの発動、防衛出動が下令された場合は、日本の行政法より国際法が優先されて、ネガティブ・リストによる対応策をとっても国際法違反にはならない、という考え方を書き入れておくことが大事だと思います。

日本の場合は憲法だけが英米法系のネガティブ・リストで、下位法がすべて大陸法系のポジティブ・リストです。いずれにしても防衛行動に関する対外作用にはネガティブ・リストでいくことを法律に定めるという方式しかないと思っています。

堀茂　普通の国家では、憲法上にある軍隊の規定は設置する条文だけで、あとは何も書いていない。通常の国際法を守る、あるいは戦時国際法を守るというだけでいい。でも、それだけではやはり危険なのでＲＯＥ（行動規定）を決めているわけです。ＲＯＥを作るという意味は、国際法よりも厳しい制約を課している。そういう理解でよろしいでしょうか？

たとえばフォークランド戦争のときに、英国はかなり突っ込んだＲＯＥを作りました。サッチャー首相が偉かったのは、ＲＯＥを決めたらいっさい軍事に口出ししませんでした。こういうのは、政治家と軍人の一つの理想的な関係と思いますが、どう思われますか？

浜谷講師　まさに同意です。ＲＯＥの作成は、国際法上の制約をさらにもう一回確認するという意味で必要不可欠です。自国の軍隊のＲＯＥを作っておけば、それ以上細かい法律による縛りは必要ないと思います。ＲＯＥの範囲内であれば、国の独立と国民の安全を守るという軍隊の行動目的が明確である以上、あとは軍隊にフリーハンドを与えていてもいいわけです。

軍隊の政治的中立性

堀茂　軍の政治的中立性についてお尋ねします。アメリカでは軍人の多くは共和党支持のようです。最近は民主党支持の軍人も多くなっていますが、政治的意志を明確に吐露し、そういう行動もしています。軍人個人の政治的信条が明確化というか顕在化することが時々ありますが、軍隊総体としては、共和党政権であろうが民主党政権であろうが一定の政治的中立性は保たれているように思います。

それに対して旧帝国陸海軍は、天皇の軍隊ですから選挙権はないし、政治から隔離された状態におかれていた。政治の恣意的な軍事的関与を排除することが当初の目的であって、軍人も政治不関与がモットーでした。何より、軍人は天皇の統帥権を誇りにしていたわけです。しかし、大正期後半くらいから政党政治が行き詰まり、国民の政治への信頼がなくなると、軍人たちは救国のために一定の政治的意志を持ち、五・一五事件、二・二六事件はじめ、直接かつ急進的な政治行動に走ってしまったという矛盾があって、これをどう理解すればいいのか。

個人的には米国のように、軍人は政治的信条を持ってもいいし、もっと言えば持つべきものでありますが、それと行動とは別だと思っています。つまり政治的思惟(しい)というか政治的考えを持つことと、その意を体して政治的行動をすることは別だと思うのですが、そのあたりについてどうお考えでしょうか？

浜谷講師　個人としての政治的な考えを持つということは、思想・良心の自由（日本国憲法第19条）が保障されていますから、これは当然です。それが、たとえば国民の幸せに反するとか、国益に反するとか、そういうことにまで影響を及ぼすようなら、なんらかの制約を受けることになります。

退役軍人で、それもかなり高官の人が、特定の政治家、大統領候補を支持すると言ってしまうと、期待と信頼を集めていた軍隊の中立性という発想が歪む、あるいは懸念を持たれるようになります。そうすると、軍隊そのものに対する期待と尊敬がだんだん薄れてくるのではないか、それが私の危惧するところです。

堀茂　先ほど田久保座長も言われたように、政治から軍を切り離せば、かつての天皇の軍隊のように、政治的志向を絡めずに君主だけを見ているという形にすれば政治的中立性は保たれると思います。

もう一つ、精強な軍隊であるエレメントとして、軍人の忠誠心および軍人への尊敬があります。尊敬されるということは国民の支持があるということですが、それと君主への忠誠が立憲君主国の軍隊のあるべき姿だと思います。

そういう意味で、天皇陛下は国家元首でなく、いわゆる象徴でしかなく、当然、大元帥でもない。立憲君主国なのに、天皇と軍隊が隔離されていると田久保座長が指摘されましたが、私もすごく共感する部分があります。

浜谷講師　理想的な形としては、天皇の軍隊であることについて何の疑念もありません。それが合理的に働いている限りは、何の懸念もないはずです。ただ現実を考えたとき、旧軍のイメージ、それから旧軍の歴史に対する批判を払拭するには相当のエネルギーが必要です。そうした現実を前に一つの体系的な理想としてそれを論議するのは結構ですが、それを実際に実現するには相当な抵抗が予想されると思います。

堀茂　補足しますと、政治の軍事、特に軍令事項への関与を不可とする統帥権の独立ということではありませんので、念のため。

有元隆志（月刊『正論』発行人）　田久保座長の話に多少関連するのですが、戦後、国会答弁は、ずっと文民がやってきましたが、アメリカのようにヒアリング（議会公聴会）などで軍の指揮官が国会に行くのもいいのではないでしょうか。

自衛官が国会に出向き、政治家に直接話をする機会を増やしていくということです。自民党の部会も以前に比べれば機会が増えたかもしれませんが、風穴を一つひとつ開けていくことが必要です。日本の国会での議論のレベルが低いので、その可能性はあるように思いますが、どのように見ていらっしゃいますか。

浜谷講師　軍人の存在意義である軍事的合理性を追求して、政治指導者にとるべき選択肢を与える、そういう発想からすれば、それは当然のことで、否定する理由は何もありません。ただ、日本の場合に国会で自衛官が制服を着たまま、こういう政策をとるべきだとか、こういう政策はとるべきじゃないと言ったときに、それが、文民統制の中で政治指導者の下にある人の発言として、国民一般に素直に受け入れられるのかという懸念があります。

結局、自衛官が勝手なことを言っているとしか思われないとなると、それは非常にマイナスのイメージが強くなります。つまり、軍人として、軍事的合理性に基づいてシビアな選択肢をちゃんと示していると正確に伝えることができれば、すぐにでもやったほうがいいと思います。

前に進むには大きな力が必要だ

櫻井よしこ（国基研理事長）　やるべきことは、みんなよくわかっていると思うのです。だけれども、たとえば安倍総理が、ちょっと進むのにどれくらい戦わなければならなかったかを思い出してみたいと思います。

たとえば平和安全法制です。今では、あれがなければ日米関係が大変なことになっていたとみんながら言っています。中国やロシアの脅威に、わが国は立ち向かうことができなかったでしょう。

あの平和安全法制を作るために法制局長官に抜擢された小松さん（外務省出身の小松一郎氏、2013年～14年に内閣法制局長官を務めた）は亡くなられています。2013年でしたか、小松さんを新しく法制局長官にして、前の法制局長官を最高裁判事にしましたよね。あのころ、私は安倍さんに聞いたことがありました。安倍さんは、国連が認めている集団的自衛権について、行使できるという憲法解釈をしてもらおうと思い、内閣法制局長官の話をうちうちに聞いたそうです。

そうしたら、今まで積み重ねてきた法制局の解釈の変更は断じてならないと。そのようなことをするのだったら、歴代の法制局長官全員が反対し、辞任すると言ったそうです。そんなことになったら、内閣はもたないというので、その場では諦めて、1年くらい時間がたってから、法制局長官を事実上更迭して、外務省から小松さんを入れたわけです。

当時、朝日新聞に関連する記事があってよく覚えていますが、歴代内閣法制局長官は、経済産業省、財務省、総務省、法務省の四つの役所出身者が順繰りになる人事のローテーションがあって、それが乱れたと書いてありました。とんでもないことだと思いましたが、メディアも、役人もこうした考え方に浸りきっているのが現状なんです。

小松さんは体調を崩され、病院から通いながら国会答弁されて亡くなられてしまった。その直後に集団的自衛権が使えるという憲法解釈を閣議決定し、その翌年に平和安全法制ができたわけです。平和安全法制ができても、全面的な集団的自衛権の行使ではありません。それでも、立憲民主党や共産党は、平和安全法制をもう一回「ちゃら」にすべきだと言っているわけです。

かつて安倍さんや小松さんが命がけで平和安全法制を作ったように、我々も分厚い壁を前にして、これをどうやって打ち破り、本当の意味の政軍関係を打ち立てるかです。それをやる人がいなければ日本は進まないと思います。

田久保忠衛　安倍さんがいたら、日本の安全保障体制がよくなるかというと、よくならないと思う。そんなもんじゃないと思います。戦争で徹底的に叩かれて、もう芽が出ないように憲法で否定させられた軍隊です。「国際情勢がこうなりました。したがって日本の防衛はこうしなくちゃいけません」というレベルの話ではない。国際情勢が変わろうが、紛争があろうがなかろうが、国家の持つ固有の自衛権にふさわしい本物の軍隊を持たなければいけないのです。教育から何からすべて変えていかなければならないのです。いま、その一部だけを我々はやろうとしているのにすぎない。

織田邦男　日本の政軍関係はバランスに欠けていると思います。政治家は軍事を知らない。軍人はまあ、勉強していると思いますが、一般的には政治に疎い。歴史的に政軍関係のバランスが崩れたときは負け戦になりますね。

『ドイツ参謀本部』（渡部昇一著、中公新書、1974年）という名著があります。その中でモルトケとビスマルクの関係が描かれています。普墺戦争のとき、ウィーンに入城するというモルトケをビスマルクが止めました。それが、後々までオーストリア国民が反ドイツ感情を抱かなかった理由だと書いてあります。

その後、モルトケは30年も参謀総長をやり、軍の力が非常に強くなります。そして普仏戦争が起き、ビスマルクが一生懸命止めたにもかかわらず、モルトケはこれを聞かず、軍はパリに入城してしまう。軍事的合理性はあったと思いますが、バランスの欠けることをやってしまった。

パリはフランス人の心のよりどころですから、根強い反独感情が生まれて、第1次世界大戦後の懲罰的な賠償金請求になる。シュリーフェン・プランを含めて第1次世界大戦の敗因は参謀本部が主導し、それを政治が統制できなかったからです。

敗戦後、ドイツは逆に政治が強くなりすぎ、参謀本部の言うことを聞かなくなる。そしてヒトラーが登場し、緒戦の成功で「ほら見てみろ。俺はドイツ参謀本部よりも偉い」となる。軍人の発言に対して聞く耳を持たないという状況は、今の日本にも当てはまるのではないでしょうか。

月刊『正論』にも書きましたが、防衛力強化というと、防衛費を上げることだと錯覚している人がいて、特に政治家の方はほとんどそうだと思います。でも、そこは部隊に聞いてみて欲しいのです。現代の戦争は、グレーゾーンの戦い、ハイブリッド戦争というように、すべて平時の戦いです。

しかし日本には、それらに対する平時法制がないので自衛隊は極めて動きにくい。部隊はそう思っています。部隊は政治に直接、ものを言えないし、言っても理解してくれないところがある。いざとなったら防衛出動をかけるのでしょうか。防衛出動は諸外国から見たら宣戦布告に等しい響きを持っていますから、政治家は絶対に決断できないでしょう。すると、自衛隊は動けないまま、どんどん戦死者が増えるという状況になりかねない。

もし、いま台湾有事が起きても、それは防衛出動前の平時に始まります。ハイブリッド、サイバーあるいはグレーゾーン状態で始まるでしょう。この状態では自衛隊はほとんど動けません。防衛出動前の自衛隊は警察ですから。警察行動というのは法律に決められていることしかやれない。警察は行政組織ですからシビリアン・コントロールは必要ない。軍事力行使は行政の外の話だから軍にはシビリアン・コントロールが必要なのです。

フォークランド紛争時、サッチャー英首相は状況を2段階、3段階、4段階と決めて、段階ごと軍事力行使の目標、制限を定め、政治はその段階を決心するだけ。あとはすべて軍に任せるやり方をやった。

シビリアン・コントロールは、政治がコントロールすることですが、マクナマラ（ベトナム戦争時の米国防長官）やラムズフェルド（イラク戦争時の米国防長官）のように、爆撃機が出撃する際にここを爆撃しろと細かく言うことではないのです。。

政治と軍事のバランスをどうするか、正直言って答えはありません。私は大学で安全保障を教えていますが、地道に安全保障のリテラシーを学生時代から底上げしていくしかないという感想を持っています。

堀茂　織田元空将が言われたことは、42年前に栗栖弘臣さんが言われたことと全く同じで、それから何も変わってないということです。急迫不正の攻撃を受けて不測の事態となったとき、防衛出動が下令されるまでの間、陸上自衛隊は何ができるかという話です。それを栗栖さんに質問したら、「まず警察に通報することだ」と答えたという、冗談みたいな話です。それが海上だったら海上保安庁に通報するということです。

櫻井よしこ　今もそういう状態なのですか？

堀茂　今もそうです。基本的に変わっていません。

田久保忠衛　左派の連中の言う敵とは外国ではなく、軍国主義を復活するかもしれない自衛隊ということですよ。自衛隊を強化しろというと、皆にぶったたかれるという変な状況がずっと続いています。私なんか50年前から栗栖さんら仲間と一緒に防衛費をＧＤＰ比で2パーセントにするようずっと言っている。

織田邦男　50年前と違うのは、２００3年から０4年にかけて有事法制ができたことです。ただ、それは防衛出動下令後の話です。武力攻撃事態を認定して防衛出動を下令した後で、総務大臣は優先的に電波を自衛隊に与える、火薬取締法の適用除外にする、あるいは国民保護をやるという話です。

浜谷講師　今の織田元空将のような発言は、日本の社会の中で自由に許されています。もし織田さんが特定の政党のいわば企画委員のようなものになって、その特定の政党に肩入れするということになると、これは軍隊の中立性に対する疑念が出てくるかもしれません。その手前で国民を啓蒙するということは、知識人として重要な役割だと思います。

それから、櫻井理事長がおっしゃった点ですが、安倍さんがもう一人必要だということですね。どうやったら命がけの政治家を作り出すことができるのでしょうか。さまざまなシミュレーションをして選択肢を提示することはできても、それを決断するのは政治家です。リーダーシップをとって命がけでやってくれる政治家がいなければ、絵に描いた餅に終わってしまいます。そこを真剣に考える必要があると思います。

憲法に自衛隊を明記することが議論されていますが、これでは根本的な改正にはなりません。自衛隊を書き加えたからといって、行政組織の一部であることに変わりはないからです。何の問題の解決にもなりません。

しかし、書き入れるだけでこれだけの議論になるのですから、自衛隊を国軍にすると言えば、それだけで議論が沸騰してしまいます。こういう環境を、なんとか変える必要があると常日頃考えています。

今の憲法は占領政策遂行のための基本法

浜谷講師　現憲法に最終的な原因があるというのは同感です。現憲法は必要なことの一部は書いてありますが、すべては書いていません。だから防衛条項もなければ緊急事態条項もなく、片肺飛行をやっているような憲法です。

憲法という名前は付いていますが、これは占領政策をうまく遂行するための基本法に過ぎなかったわけです。したがって、我々は独立したときに、これを追認するのか、それとも全面的に書き改めるかしなければならなかったのに、ずっと手を触れることなく押しいただいてきました。この責任は我々一人ひとりにあるわけで、国民の一人として非常に重い責任を感じています。

また軍事組織の行動に関連する法律はネガティブ・リストでなければ役に立ちません。人間が想定できることには限界があり、その想定を超えたことに対応できなければ軍隊としても意味がないからです。

軍事に関する法律はネガティブ・リストにして、国際法上の制約には従うけれども国内法上の制約はすべて外し、禁止事項以外は何でもできるという体制にして、正規の軍隊として憲法に書き入れる、これしか方法はないと考えています。

自衛隊の場合、防衛行動自体に過剰な制約があります。一つは「専守防衛」です。どこにも規定がないのに決して外れません。もう一つは、「自衛のための必要最小限度」です。さらに自衛権行使の3要件（急迫不正の侵害、排除するのにほかに適当な手段がない、必要最小限度の実力行使）というのもあります。

交戦権行使の禁止、集団的自衛権行使の禁止、これは一部のみ容認しましたが、原則は禁止です。海外での武力行使の禁止、攻撃的兵器保有の禁止、徴兵制度は違憲、軍法会議は設置禁止で、これらはすべて国家としての自主的制約です。

これで自衛隊に戦えというのですから、戦いようがありません。普通、これは無理だと言うはずですが、自衛隊は戦後70年近くにわたってひたすら耐えに耐えて、一定の目的を果たして現在まできたのです。この現実に対しては本当に敬意を表しますが、根本から考え直さなければならない時代に来ていると思います。

台湾有事に間に合わないという話が先ほど出ました。台湾有事の場合、現在ある法律は、重要影響事態に際して米軍の後方支援をする重要影響事態法、それから存立危機事態に際して米軍の後方支援をする事態対処法があるだけです。つまり武力攻撃事態になって初めて自衛隊が反撃する、逆に言えば日本が直接攻撃を受けなければ国民保護法すら適用されないことになっています。

国民保護は、保護すべき住民を避難させることが主な内容です。台湾有事のときにまず避難させなければいけない国民は先島諸島の住人で、沖縄からさらに遠い島の住民をどのようにして安全な場所に避難させるのか、対応は具体的ではありません。すでに沖縄本島自体が危ないわけですから、九州まで避難させなければいけないことも想定されます。

実際にシミュレーションした学者の分析では、避難させるのに2週間以上かかるといいます。その上、重要影響事態のときも、存立危機事態のときも国民保護法は適用されません。国民保護法については、政党段階での議論から関わりましたので中身をよく知っています。当時は北朝鮮のミサイル、単独の着上陸侵攻などが想定されていましたが、今はグレーゾーン段階で有事が始まるわけで、平時からの対応が必要になっています。

台湾有事で国民保護法は機能せず

浜谷講師　中国もウクライナ戦争の教訓から、台湾への着上陸侵攻をやめたのではないかという情報があります。かつては福建省の沿岸から強襲揚陸艦などで上陸する作戦だったはずですが、最近はそれに替えて、飛行禁止空域を設け、台湾周辺の海域に軍艦を進出させて海上を封鎖し、台湾を兵糧攻めにする計画に変更されたのではないか、と言われています。
つまり、海と空を封鎖するだけで、これをホットな戦争と言えるのかどうかです。ホットな戦争と言えなかったら、自衛隊はいつまでたっても動きようがありません。こういう事態で国民保護法が適用されないのであれば、同法は役に立たない法律になってしまいます。

したがって国民保護法を基本的には重要影響事態のときから適用できるように変えるか、あるいは自衛隊の本来任務の前に自衛隊を利用できるように国民保護法を変えるという方向で検討しなければ、実際には制定の意味がないのではないかと考えています。

最後に、国民保護法の問題点を少し指摘しておきたいと思います。この国民保護法では、国民の協力を義務化しませんでした。国民保護は一般的に民間防衛と言いますが、民間防衛組織が日本にないものですから、正規に作って対応しなければいけないことを、私が公述人のときに何度も強調しました。

しかし、当時の政府高官に、「民間防衛組織や住民共助組織は戦時中の自警団や隣組を発想させる、そんなものは全部駄目だ」と言われ、すべて没になってしまいました。

しかし、民間防衛組織が実際に機能しなければ、国民保護法の有効性には疑問符が付きます。基本的に自衛隊は本来任務があるわけですから、全面的に当てにはできません。やはり諸外国と同じように国民の協力を義務化して、一定の年齢の間は国民保護体制に協力することが必要です。

さらに憲法に緊急事態条項をきちんと明記して、緊急事態の折には、いわゆる国民の権利の一部が制約を受けることがあるという、国民の人権制約に対する根拠規定としておくことも同時に必要です。マスコミは「制約」されることばかりを強調するのですが、憲法に明記する場合、制約することと、制約しないことの両方を書き込めばいいのです。

たとえば思想・良心の自由、信教の自由は、どのような場合でも制約してはいけないわけで、制約して良いものと悪いものを同時に記入すれば、一方的な制約にはあたりません。その人権制約の根拠規定をつくっておかないと法律にいくら具体的制約事項を書いたとしても、基本的には役に立ちません。

3・11の東日本大震災のときに、災害対策基本法の中にある災害緊急事態の宣言を出しませんでした。それは、人権の制約をともなうからです。当時の菅首相も、国会で答弁した参事官も言っていました。結局、憲法に根拠規定がないものは、法律にいくら書いてあったとしても、あとで違憲訴訟の対象になる可能性がありますから使えないということです。

英米法系の憲法の下に大陸法系の防衛法制という歪み

浜谷講師　日本の法体系が基本的に大陸法系（制定法主義）であることに原因があります。大陸法というのはドイツ、フランスというヨーロッパ大陸国家の法律のことで、明治時代に、日本が近代国家になろうとして法制度を整えたとき、公法は当時のプロシア（今のドイツ）、民法や商法などの私法はフランスから学び、明治憲法以下、下位法を作りました。

したがって、作った当時はそれなりに系統立っていて統制がとれていましたが、戦後、下位の法律をほとんど変えずに、最高位の法律だけをすげ替えました。占領軍が英米法系（判例法主義）に基づく憲法を無理やり乗っけたわけです。要は、大陸法系の下位法の上に英米法系の憲法が乗っかっているという図式が日本の法体系です。さまざまな軋轢はここから出てくることも多いのです。

今の憲法に緊急事態条項は入っていないけれども英米法系の考え方からすれば、緊急事態権限は使えるのです。これは、当時の憲法制定会議のときの議事録に残っています。要するに緊急権、つまりエマージェンシー・パワーはどこの国にもあり、国民の生命、財産が脅かされているときには、時の権力者はそれを救うために何でもできるはずだと考えるわけです。憲法には書いていなくてもできる、これはまさに英米法系の発想なのです。

この英米法系の発想をいくら我々が言っても、今まで法律に書いてあることが前提で議論していたわけで、いきなり「書いていなくてもできる」ということにはなかなか理解が深まりません。したがって、憲法に根拠規定をきちっと書いて、それに基づく法律を制定して、系統立てた法制度を整えることが結局は近道ですし、日本人にはいちばんわかりやすいと思います。

そういう意味で、ネガティブ・リストの憲法の中に、根拠規定だけを置きたいと考えています。緊急事態に対応するというのは、先ほどから申し上げているように、想定外に対応するということです。有事に関連する下位法はネガティブ・リストに一日の長があるので、根拠規定だけを憲法に挿入することによって、体系として完成させるのが合理的だと思います。

これができれば、法律で人権を制約することについても根拠規定が存在することになります。このような法律の体系にしていくことが、わが国には早急に求められるという点を強調し、本日は終了させていただきます。

櫻井よしこ　浜谷先生、本日はありがとうございました。フランス、ドイツの大陸法系と英米法系の違いが非常によくわかりました。そこのところをきちんと整理して、体系的に日本国憲法を整えるということの重要性、とても大事なメッセージだと思いました。

（2022年9月21日）

【まとめ】政治の決断と手段としてのROE

浜谷英博先生は憲法学者としての枠にとどまらず、国会での公述人や参考人として国民保護法など国家の緊急事態に関する法に実務面で関与されてきた。そういう意味で今回は政治と軍事の関係を、法の側面から縦横に炙り出していただけたものと思う。

浜谷講師は話の中で、正しい政軍関係にはバランスが重要であり、特に現在の政治指導者に軍事に関する理解が乏しい現状があることを憂いている。そこで、軍事理解を深めてもらう近道として、講師は政治指導者に危機管理訓練への参加を勧める。ただし、訓練の実態が単なる手順を追うだけのもの、要するに決まったステップを踏むだけのダンスになってはいけないと釘をさす。

確かに東日本大震災以降、各地の自治体が中心となった震災対処訓練が、あるいは北朝鮮のミサイル事案が多発してからは弾道ミサイル対処訓練の機会も増えてきたと感じる。しかし、いずれも地方自治体の首長が頭をひねって、ギリギリの政治決断を迫られるような訓練とは言い難く、手順の確認のみに終始したごく初歩的なものでしかない。国際情勢はすでに応用訓練の段階に至っているのではないか。

加えて、政治指導者による決断は国民の理解を得ることが理想であると浜谷講師は指摘する。ただし、国民の側にある戦後病ともいうべき軍事忌避の風潮がいまだに通底する世の中では、国民の理解を得ようとしても簡単にはいかないのも事実である。講師はそれを克服するための即効薬は存在せず、地道に教育の機会を広げることが結局は近道だと説明した。

たとえば大学に安全保障論や軍事学の講座を設けることや、社会教養ゼミとして社会人に門戸を広げるなど、軍事に対する教育機会を広げることを実践してきた実例を紹介した。確かに、地道ではあるが確実な普及活動であり、急がば回れなのかもしれない。しかし、今そこにある危機に対処するには到底間に合わないとの焦燥感を禁じ得ない。

必要であれば国民の共感を待たずして、政治指導者が苦渋の決断を下す場面が遠くない将来必ず来るだろう。その場合、政治指導者が軍をいかに信頼するか、逆に軍が政治指導者をいかに信頼するか、その相互の信頼関係がリーダーの判断の成否を左右することになると考える。

そのためには、浜谷講師も指摘しているとおり、政治指導者と軍指揮官は意見対立を認めつつ、相互の目的を整合する作業を日ごろから行ない、軍は最終的に政治判断に従うことで、政軍関係を正常に作動させることが求められるだろう。

さて、ひとたび政治判断が下されたなら、政治目的達成のため軍事目的を整合させるという作業が行なわれる。その結果は軍指揮官からの命令という形で部隊に伝達される。その命令を構成する要素として、ROE(Rules of Engagement：交戦規定あるいは部隊行動基準という法令の範囲内で軍隊が採りうる行動の限度)が必要になる。

防衛省は部隊行動基準作成の訓令を2000年に策定し法令上の根拠を明確にしたが[1]、広く周知されているとは言い難い。たまに見る米国の戦争映画などに登場する用語として認知されていれば御の字ではなかろうか。

自衛隊の場合、これまでの海外活動は、ごく限定された場面での任務に限られ、すでにがんじがらめの状態で派遣されてきたことから、ROEが問題視されることはなかった。しかし、これからは大きな政治決断が必要とされる場面が生じるかもしれない。その場合、政治指導者の意図が、前線の兵士にどのような形で具現化されるのか、公に議論する機会も出てくるだろう。当然、軍の行動基準が敵に知られることは作戦上好ましくないため、各国ともROEは秘匿対象である。しかし、その概念や運用方法については、為政者の側も熟知しておく必要があることは言うまでもない。

浜谷講師は直接多くを語らなかったが、現憲法以下の法体系が英米法系と大陸法系が混在して歪んでいるという指摘の延長として、ポジ・ネガの議論を概観した。ROEもその影響を受けざるを得ないのであり、結果として部隊の行動を制約するということは、筆者も大いに賛同するものである。

ただし、読者が誤解しないようにあえて付言するなら、英米法系はネガティブ・リストで大陸法系はポジティブ・リスト、あるいは軍隊はネガで警察はポジが普通だという単純な切り分けのみでROEを検討するには少し乱暴な気がする。それでは、どのようなROEが正解なのか。

これまでも先人が苦労して検討を重ねてきたように、外国軍隊が使用する標準規定[2]なども参考に、現代戦に合致するよう常に見直し、軍種や作戦ごとにネガ・ポジを書き分ける必要があるものと考える。

各国はそれぞれの国情に応じた法体系のもと軍事力を律してきた伝統を持つ。そのような外国軍隊の良い面を取り入れ、悪い面は切り捨てる覚悟と柔軟な思考のもと、ネガ・ポジ議論に結び付けていきたいと願う。今後の研究テーマとして十分検討の価値があるのではないだろうか。

さて現状、自衛隊法がポジティブ・リストであることは、国会答弁[3]にもあるとおり明らかである。講師が最後に説明したように、自衛隊は法規以前に専守防衛や自衛のための必要最小限度、自衛権行使の3要件、非核3原則などの制約が多すぎる。さらに個別の法律がないと権限行使ができない仕組みは、自衛隊の手足を縛って何もさせないという目的があるとしか思えず、これで眼前に迫っている危機に立ち向かえというのは部隊にとって酷な話と感じる。

加えて、現代戦においては陸海空（宇宙を含む）の3領域の他、情報戦、サイバー戦、電磁戦などの領域が新たに加わった。平時であって有事でもある、いわゆるグレーゾーンの状態で戦う現代戦において、浜谷講師の指摘を真摯に受け止めなければ、弾丸を発射する前に敗北することになりかねない。新たな戦域が登場してきた今だからこそ、柔軟に対応できる防衛法体系になるよう根本から見直し、可能な限り単純明快なものにしておく必要があると考える。

プロシアの戦略家クラウゼヴィッツの言葉を借りるまでもなく、戦争は政治の延長である。そしてROEは政治が軍事力を使う手段の一つともいえる。古今東西、政治指導者と軍部との緊張関係が、国の命運を左右することもしばしばあり、多くの論考の対象とされてきた。しかし、軍事力を使うための手段についてはあまり語られてこなかった。これからは、タブーなく議論することが求められていると感ずるのは筆者だけではないだろう。

（文責：黒澤聖二）

（1）「部隊行動基準の作成等に関する訓令」防衛庁訓令第91号（平成12年12月4日）に基づき「部隊行動基準の作成等に関する訓令の運用等について（通達）」防運企第777号（平成13年2月1日）が発出された。この次官通達は次のように明示する。「部隊行動基準は、情勢又は現場の状況に応じて、部隊等がとり得る対処行動の限度を政策的判断に基づいて示すものであり、これにより、政府の方針に部隊行動を適切に合致させることを容易にするとともに、部隊等の長の政策的判断に係る負担を軽減するものである」

（2）たとえばイタリアのサンレモにある人道法国際研究所が各国軍人を集めて武力紛争法の教育課程を設けているが、その指導書などは参考になる。"Sanremo Handbook on Rules of Engagement" International Institute of Humanitarian Law, 2009.

（3）参議院議員浜田和幸君提出防衛法制における「ポジリスト」、「ネガリスト」に関する質問に対する答弁書（内閣参質186第105号 平成26年6月3日）「自衛隊法は、自衛隊の行動及び権限を個別に規定しており、いわゆる『ポジリスト』であると認識している」

追記（浜谷）米国における政軍関係の具体例に関しては、廣中雅之著『軍人が政治家になってはいけない本当の理由―政軍関係を考える』（文春新書、2017年）も、一部参考にさせていただきました。

第5章　軍事力行使をめぐる米国の政軍関係

——揺れ動く文民統制

講師：菊地茂雄（防衛研究所政策研究部長）

米国の政軍関係における二つの考え方

私は米国の政軍関係について研究しているということになっていますが、これまでこの問題について部外で話をする機会はありませんでした。もっぱら自衛隊の中での教育の一環であり、こういう機会をいただきましたこと、非常に感謝しております。

今日は、アメリカの政軍関係、特に軍事力行使についてお話しします。アメリカの場合、対外的に軍事力を使うということが非常に大きなテーマになっていますので、その点を中心に話を進めて

独立戦争後の1783年12月23日、ジョージ・ワシントンは大陸陸軍総司令官の辞任を議会に申し入れた。この行為は文民統治を確立する上で非常に重要な意味を持った。（出典：Wikimedia Commons）

いきます。なお、本日お話しする内容は個人的な見解ということでご理解いただければと思います。

最初に、レジュメに掲載した絵ですが、これはワシントンにある連邦議会の議事堂に飾ってある絵画の一つです。独立戦争が勝利で終わったとき、それまで大陸陸軍司令官に任命されていたジョージ・ワシントンが、戦争が終わったので司令官職を辞任するということを議会に申し入れたときの様子を描いた作品です。

軍事的な成功を収めた軍人が政治的な権力を握る現象を「馬上の人」と言いますが、そういった英雄がそのまま権力を握り続けることなく、文民権力にそれを返したということで、アメリカのある種のモデルというか、範を垂れたものといわれる絵画です。

アメリカが自国の憲法を作るとき、軍事力がアメリカの民主主義に何らかの害を及ぼすのではないかということが言われていて、それが実際に憲法の中にいくつかの規定として書かれています。

一つは、軍事力が、いわゆるクーデター的なものを起こすのではないかということと、もう一つは大統領に権限が集中し過ぎて、それが民主主義を害するのではないかという議論です。その結果、米国憲法の第1条は議会について書かれており、第2条は大統領について書かれています。

「第一の府」といわれる議会についてはいろんなことが権限として書かれていまして、宣戦布告の権限、陸海軍の設置と維持の権限、軍の組織・規律に関する規則制定の権限など多くの権限が憲法によって付与されています。大統領につきましては最高司令官という、肩書きについてのみ書かれています。これは、議会が多数の人民から選ばれたことから、戦争を始める権限は議会が持っており、大統領はあくまで議会が決定した戦争を最高司令官として指揮するだけであるという認識で、戦争宣言と最高司令官の条文は規定されたといわれています。

しかし、憲法を作った人が懸念していた、軍隊がその軍事力を使って政治に関与するということはほぼなかったといわれています。ほぼなかったというのは、一回だけ未遂でしたが、ニューバーグ・コンスピラシーといわれる事件（「ニューバーグの陰謀事件」1783年3月）がありました。

これは、独立戦争で兵士に給料を支給すると連邦議会が言ったにもかかわらず、給料が支払われなかったことで、兵士が集団で議会の近くに押しかけようとしたのをジョージ・ワシントンがくい止めたという事件です。

これは例外的な事件で、成熟した民主主義国家において、軍隊が民主主義に危害を及ぼすことは、これまでなかったといわれています。

米国の政軍関係の議論の中で二つの見方があるといわれています。一つがプロフェッショナル優越論で、プロフェッショナル・スプリーマシスト（professional supremacist）です。プロフェッショナルとは専門的かつ高度な教育・訓練に基づく職業集団を指し、軍事的なことについては、軍の自立性を尊重して、文民はそれを任せるべきだという考え方です。いわゆる餅は餅屋に任せるべきだという考えです。これは非常にオーソドックスな考え方で、著名な政治学者のサミュエル・ハンティントンが書いた『軍人と国家』（1957年）も、そういう考えに基づいて書かれたといわれています。

二つ目は文民優越論で、シビリアン・スプリーマシスト（civilian supremacist）です。文民指導者、すなわち大統領あるいは国防長官は、必要があれば軍事作戦の細部にまで立ち入って、方針を貫徹すべきだというような議論です。エリオット・コーエン（ジョンズ・ホプキンズ大学ポール・H・ニッツェ高等国際関係大学院〔SAIS〕教授、軍事史家）、ピーター・フィーバー（米デューク大学教授、政治学者）、リチャード・コーン（米ノースカロライナ大学名誉教授、軍事史家）らが、そういった議論を展開しています。このような二つの見方が入れ代わり立ち代わり登場する傾向が見られるということを指摘しておきたいと思います。

そのような政軍関係の特徴として、政と軍の対話が必要だという議論がよくされます。一つはやはり権限において不平等であることが原因です。つまり基本的にはいかなる政治体制においても、政治指導者が優位に立つわけです。最終的に物事を決めるというところは、民主主義であれ、あるいは一党独裁の体制であれ、変わらないからです。

政軍関係においては、特に軍事政策が中心になるかと思いますが、そういった点で言うと、圧倒的に軍の側の知見とか、経験の優位性があるわけです。他方、政治指導者、文民指導者というのは、大統領になって初めて軍事問題に携わるということはままあるわけで、そういった不均衡が見られるということで、政軍の対話の上で齟齬が生まれるという問題も出てきます。

ベトナム戦争の「長い影」

次にベトナム戦争、特に戦後の話をします。ベトナム戦争は米国にとって非常な痛手であったということは疑いようがありません。米軍にとっても同様で、いかにそれを繰り返さないかということが、彼らにとって至上命題となりました。

軍隊にすれば、実際に戦地に行って戦ってきたわけで、非常に大きな組織的なダメージを受けました。特に陸軍と海兵隊においてそれは顕著でした。1969年に発足したニクソン政権は、ベトナム戦争の「ベトナム化」すなわちベトナムから手を引くという方針を明らかにし、現地に派遣されていた米軍の士気が崩壊していきます。要するに、米国が見切りをつけた戦争で自分が死んでしまうようなことをやっていられるか、ということになったわけです。

たとえば上官に対する殺害事件が横行するようになりました。上官が泊っているテントの中に手榴弾を投げ込んで殺す、あるいは爆弾を仕掛けて殺す、あるいは警告のため手榴弾を上官の居室に置いておく、そういうことが横行しました。

その背景には、部隊内で麻薬が非常に浸透したことがあります。上官はそれを取り締まりますが、部下がそれに抵抗して暴力沙汰になったということです。また、この時期、軍の内部でも人種対立が深刻となりました。それが、軍内の治安悪化に輪をかけたことになりました。

もう一つは、70年代、ベトナム戦争が終結し米軍が帰還すると、軍事費が大幅にカットされた結果、戦力の空洞化を招いたことです。

そういったことから、ベトナム戦争のような惨事を繰り返さないというのが、特に軍の中で強いメッセージになっていったということです。

ベトナム戦争の教訓

次に米軍の関係者が、ベトナム戦争の教訓としてどのようなことを読み取ったかについてお話しします。ベトナム戦争後、さまざまな議論がなされましたが、その中の一つに文民指導者が軍事作戦に制約を課したということがあります。

ベトナム戦争は軍事的にはある程度、うまく進展していましたが、1968年のテト攻勢で、ベトコンが一気に蜂起して、アメリカ大使館の敷地内にまで侵入するという事態が起きました。これを機に米国民のベトナム戦争への支持が急速に低下し、ウォルター・クロンカイト（「アメリカの良心」といわれた米国人ジャーナリスト）が、ベトナムからもう手を引こうと言ったのを契機に、世論全体もその方向に傾いていきました。しかし、これは軍からすれば裏切り行為になるわけです。

その背景として、よく引用されるのが、サマーズという大佐（ハリー・G・サマーズJr.：ベトナム戦争に従軍した米陸軍退役大佐で元陸軍戦略大学校教授）の言葉です。当時のリンドン・ジョンソン大統領が、戦争がいかに大事かということを国民に訴えて動員することを怠ったために、戦争の困難な側面が表面化した段階で国民の士気が一気に下がった。まさにクラウゼヴィッツ（プロシアの戦略家）のいう三位一体が欠けたからだと指摘したわけです。

このクラウゼヴィッツの三位一体ですが、戦争をうまく戦っていくためには、国民の士気が旺盛で、戦争を支持して兵隊となり、あるいは財政的な負担も負う。戦場ではそういう国民をうまく使う軍隊指揮官がいる。そして政治目的に軍事作戦を合致させる政府が存在する。この三つが必要で、どれが欠けても駄目なんですが、ベトナム戦争の場合、いちばん大事な国民の士気を高め動員するということが欠けていました。これはジョンソン政権の過ちだということをサマーズは批判したわけです。

もう一つベトナム戦争の「教訓」としては、ベトナム戦争のような戦争にはなるべく関わるべきではないとする議論があって、その代表がレーガン政権の国防長官を務めたキャスパー・ワインバーガーです。彼はベトナム戦争の失敗を教訓に、軍事力を投入する際の条件を提唱しました。それは、死活的な国益がかかっている場合だけ、全力で軍事力を投入する。しかも、最後の手段としてしか軍事力を使わない。これを「ワインバーガー・ドクトリン」(1984年にナショナルプレスクラブで演説)といいます。

「ワインバーガー・ドクトリン」に対して反対の立場をとったのが、同じくレーガン政権の国務長官を務めたジョージ・シュルツです。彼は中東におけるテロ問題に対応するためには軍事力を使う必要があり、その場合、軍事力は最後の手段というわけにはいかないというわけです。

レーガン政権の中で、このような議論が繰り広げられたのですが、ちょうど1983年にベイルートにあった米海兵隊の兵舎が爆破される事件が起きました。そこでとりあえずワインバーガーの軍事力を限定的にしか使わないという立場のほうが強くなったといわれています。ただ、現実は単純には進まないので、やはり外交の道具として軍事力を使う場合もあるということです。

ここでトランプ政権時代に国防長官を務めたジェームズ・マティスの発言を紹介します。

「わが軍は、米国の伝統的な外交の道具を強化し、大統領と米国外交官が力の立場から交渉を行なえるようにする」（2018年、上院軍事委員会）。マティスはシュルツに私淑していることで知られ、外交の道具として軍事力を活用するというシュルツの考えも引き継いだのだと思われます。マティスについてはのちほど触れたいと思います。

三つ目のベトナム戦争の教訓です。ベトナム戦争が結局、うまくいかないだろうということは、実は最初からわかっていたとよくいわれています。これは、トランプ政権の安全保障補佐官を務めたH・R・マックマスター陸軍中将が、少佐時代に発表した『Dereliction of Duty』（1997年）の中で書いています。

ベトナム戦争に本格介入する1964年の時点で、軍はベトナムに米国が介入してもうまくいかないことはわかっていたが、文民指導者に対して何も言わなかった。その結果、米国がベトナム戦争に嵌(はま)っていくのを防げなかったという主張です。そして、その延長として、軍人は文民指導者が間違っていたら、それを強く糺(ただ)さなければいけない。そうした教訓が、90年代から2000年代の軍人の中に非常に広まったという説です。

1997年から2001年まで統合参謀本部(JCS)議長を務めたヘンリー・シェルトン陸軍大将が軍のトップを集めた会議で、マックマスター少佐に、この本のブリーフィングをさせ、そこから広まったといわれています。軍人は文民指導者の誤りを糺すために強く言うべきであるという主張は「マックマスタリズム」といわれるようになりました。

湾岸戦争にみる政軍関係

1991年、ベトナム戦争以後、最大規模の戦闘となる湾岸戦争が発生しました。ベトナム戦争が間違っていたという前提に立てば、湾岸戦争は政軍関係の良きモデルであるという見方がされたことがあります。

当時、ブッシュ大統領は、政治指導部が軍事作戦に干渉するというベトナム戦争の間違いを繰り返したくなかったということを言っていました。そして、軍に対して必要な戦力を提供し、あまり拘束をしない、フリーハンドを与えるとしました。

湾岸戦争における政軍関係について補足すれば、軍のトップである統合参謀本部議長が軍と政治をつなぐ唯一のチャンネルとして機能したということが挙げられます。パウエルは１９８９年から９３年まで統合参謀本部議長を務めますが、彼は外部から軍の内部にアクセスをさせることのないように腐心していたといわれています。

それでは、１９９０年代はそれでうまくいったのか、つまり政軍関係上の議論が決着したのかというと、実はそうではありません。90年代に最も多かったのはユーゴスラビアでの紛争をはじめ地域紛争でした。米国の国益に死活的に関わる問題ではないが、大勢の人々が虐殺され、レイプされるという人道上、問題のある紛争が多発して、それに米軍が関与するかどうかということが大きな問題になったわけです。

クリントン政権時代の政軍関係

この時期は、１９９３年から２００１年まで大統領を務めたクリントン民主党政権の時代です。

民主党政権の傾向の一つとして、海外での人道上の危機に対して軍事力を使ってでも介入すべきだという主張が比較的強く出ることです。クリントン政権もそうですが、オバマ政権もそういった傾向があります。

ユーゴスラビア紛争（旧ユーゴスラビア社会主義連邦共和国が解体する過程で発生した一連の内戦：1991〜2001年）が起きた時、マデレーン・オルブライト国連大使（のち国務長官）が、バルカン半島でのジェノサイドを防ぐために米軍を投入しようと主張しました。しかし、コリン・パウエル統合参謀本部議長（のち国務長官）が「そう簡単にはいかない」と言うと、オルブライトは「じゃあ何のために軍事力があるのか」と詰め寄りました。

その背景として、オルブライトは、第二次世界大戦後、共産革命の起きたチェコスロバキアから、外交官でユダヤ系の血を引く父親に連れられてアメリカに移民したというバックグラウンドがあり、海外で迫害されている人を見過ごすことはできない。そういう心情的なものもあったと思われます。結果、激しい議論になったのですが、バルカン半島に軍を投入する際にパウエル議長は「20万人の兵力と半年間の準備期間が必要だ」と言ったところ、文民指導者は「そんなにかかるならやめておく」と折れてしまった。

これはある種のオプションの操作になります。軍事作戦は、最終的には軍人しかオプションを作りようがないわけです。したがって、軍人から「このオプションしかない」と言われれば、文民指導者はそれを採用するかしないかの選択肢しかない。つまり、軍がある種の決定を操作できるということで批判されました。当時、文民に対する軍人の不服従の一形態だという批判もありました。

もう一つ、90年代に政軍関係が問題になったのは、コソボ紛争（ユーゴスラビア紛争の中、コソボで発生した武力衝突：１９９８～９９年）における空爆です。１９９９年にアルバニア人が住むコソボ自治区がセルビアから独立しようと現地住民が運動をしたところ、セルビア側がそれを弾圧して紛争が生起しました。そこでセルビア側からアルバニア人を保護するという名目で、ＮＡＴＯが軍事力行使をするのです。その時、ホワイトハウスがマイクロ・マネジメントをやったといわれています。

当時はかなり技術も進歩しており、航空機はすべてネットワークでつながっていました。ある目標に対し、どのような兵器、弾薬でどのように攻撃するかまで、統合参謀本部議長はホワイトハウスから説明を求められました。その結果、大統領がＯＫと言うまで攻撃できない。あるいは出撃してても、ＯＫが出ないので戻ってくるということもあったようです。そのためベトナム戦争の再来ともいわれました。

これは、民間人や民間施設を誤爆することで巻き添え（コラテラル・ダメージ）を出してはいけないということで、ホワイトハウスは非常に細かく軍をコントロールしたわけです。

このような背景があって、90年代に政軍関係の危機説が言われるようになりました。軍事史家のリチャード・コーンが『ナショナル・インタレスト』という雑誌に「Coming Soon - A Crisis in Civil-Military Relations」というタイトルの論文を発表しました。その内容を要約すると次のようになります。

これまでアメリカは、戦争になれば大動員してきたが、平時から大規模な軍事力を持つことはなかった。しかし冷戦後、恒常的に大規模な軍事力を持つようになった。それによって軍が連邦予算の半分以上を占めるようになって来る。そうすると、それに引き寄せられる議員やマスメディアがあり、軍の影響力が非常に拡大した。

もう一つは、１９８６年の法改正で、統合参謀本部議長の権限が非常に強くなった。それをうまく行使したのがコリン・パウエルです。一方、クリントン政権のようなワシントンでの経験が全くない政権ができると混乱する。そこに乗じて、軍の影響力が強くなったということが指摘されました。

クリントン政権の混乱の一例として、米軍の中で同性愛は禁止されていましたが、クリントンが同性愛を解禁すると言ってしまった。当然、軍からは非常に強い反発を受けました。そこにはクリントン自身、軍務経験がないということもその背景にあったわけです。

クリントンの前任のブッシュ大統領は、太平洋戦争末期の１９４５年、父島上空で撃墜された経験がある海軍のパイロットでした。それまでの大統領もほぼ軍務経験があったわけです。けれども、クリントンは軍務経験がないだけでなく、ベトナム戦争のときに徴兵を逃れるため、アーカンソー州兵に登録したりして、非常に軍からは軽蔑されたわけです。実際、軍事基地の中の集会で、クリントン大統領のことを見下す発言をした司令官がいたのですが、彼は譴責され、馘首されました。そういった混乱があった時期でもありました。

その背景には、冷戦後、国防費を大幅にカットしたことも影響しました。それにより政治と軍の間の軋轢が非常に高まったわけです。逆説的ですが、軍は非常に強力な団体ということで、クリントン政権は〝羹に懲りる〟というか、軍に手を出すのはやめようということになったのです。

ラムズフェルドの介入型リーダーシップの問題点

１９９０年代は物事が大きく変化した時代で、それに対応していかなければならないのに、クリントン政権はシビリアン・コントロールを放棄したという議論が出てきました。

それを主張した一人が先ほどもご紹介しましたエリオット・コーエンＳＡＩＳ教授です。彼が書いた『Supreme Command』という本の中で、基本的に戦争は真に政治的な手段であり、どこから軍事で、どこから政治というように分けることはできない。文民指導者は必要な限り、軍事作戦、軍事的な事項にも手を出すべきという主張をしています。

コーエンが、その論拠としたのは、過去の偉大な指導者、たとえばリンカーン、チャーチル、クレマンソー（第一次世界大戦時のフランス大統領）、ベングリオン（イスラエル建国期の首相）で、彼らは軍の問題に非常に首を突っ込んだと指摘しています。その中で論点の一つとして挙げているのが、湾岸戦争は政軍関係があまりうまくいっていなかったという指摘です。

湾岸戦争時の統合参謀本部議長はパウエルですが、彼はベトナム戦争世代なので、ベトナム戦争のような戦争には介入したくないと考えていた。だからイラクがクウェートに侵攻したとき、なるべく介入したくないという思いがあり、パウエルは軍事的なオプションを提示するのを長らく拒んだといわれています。コーエンは、これをある種の不服従と指摘しているわけです。

もう一つは、軍事作戦については、餅は餅屋ということです。湾岸戦争の作戦計画を作る上で、国防長官府（ＯＳＤ）の文民が作戦計画の細かいところまで首を突っ込んで代替案を示し、それに対するリアクションとして中央軍で作戦計画が練られたことを指摘しています。

さらにベトナム戦争についての言及です。ベトナム戦争は過去の戦いではなく、繰り返し出てくる問題を抱えています。たとえば文民がマイクロ・マネジメントしないで軍人に任せていたら、結果は果たして良かったのか。実は軍は北爆（北ベトナムに対する爆撃）の強化以外はあまり言っていなかった。また、ベトナム戦争の失敗例として、サーチ＆デストロイ（索敵殲滅）作戦があります。これはベトコンがいそうなところを徹底的に捜索して、火をつけて破壊していくという作戦ですが、うまくいかなかったと指摘されています。実はこの作戦は軍の発案だったのです。

コーエンは共和党系の学者で、そういった主張を背景にして登場したのが、息子のジョージ・W・ブッシュ政権で国防長官を務めるドナルド・ラムズフェルドです。ラムズフェルドは、クリントン政権が軍に対するコントロールを放棄したと認識して、逆に自分は介入型のリーダーシップを目指すということになるわけです。こういったある種の知的なムーブメントが共和党の中にあったのです。

ラムズフェルドが行なったのは、軍が作った作戦計画の中身を説明させて、いろいろ首を突っ込むことでした。２００１年１月、国防長官に就任後、ラムズフェルドは米軍の中で、実際に作戦について責任を負う統合軍（たとえばインド太平洋軍とか中央軍）に対して、彼らが作成している作戦計画を持ってくるように命じるわけです。

伝統的に軍は作戦計画を国防長官など文民指導者に説明するのを非常に嫌がるところがありま

すが、ラムズフェルド国防長官は強く指示してそれを持ってこさせた。そこで彼が何を見たかというと、assumption（前提）です。作戦計画を作るときには、どの国の支援が得られるか、どの外国の基地を使えるか、敵国がどういった対応をするかなど、必ず前提があり、その上に計画を構築していきます。そこに重要な問題が潜んでいるとラムズフェルドは考えたわけです。彼によると、在韓米軍の作戦計画には北朝鮮が核兵器を持っているという前提が組み込まれていなかったそうです。それをラムズフェルドがチェックして、前提を是正した上で作戦計画を練り直すよう命じるわけです。

よく言われるのが、イラク戦争で投入する兵力をラムズフェルドが厳しく絞った結果、フセイン政権打倒後の占領統治の兵力が少なくなってしまい、結局、治安維持できなかったということがありますが、それはこうしたラムズフェルドの組織管理へのアプローチに起因したものといえます。

実はイラク戦が始まる直前、エリック・シンセキ陸軍参謀総長が議会に呼ばれて、占領統治をする場合、どのくらいの兵力が必要かと聞かれて、数十万人と答えたのに対し、ラムズフェルドらは公の場で「大きな見当違いである」と批判しました。そうした態度がシンセキの異論を封殺したと、のちに批判されることになります。その後は、ご存知のとおりで、イラクの治安が悪化して、特に2006年にスンニ派のサマラのモスク爆破事件が発生し、内戦状況になっていきました。

２００６年には複数の退役将官がメディアに登場して、イラクの治安確保に失敗した原因はラムズフェルド国防長官らが軍人の警告を封殺してイラク侵攻を推し進めたことにあるとして、同国防長官の辞任を要求した「将軍の反乱」事件も起きました。

これらの結果、文民指導者の過剰な介入によって、軍事作戦上の間違いが繰り返されたのではないか、要するにベトナム戦争の繰り返しだという議論が強調されたわけです。まさに、餅は餅屋に任せろという議論です。

その一方で、介入型リーダーシップの問題点とは逆の意見が軍の中から現われました。現役のポール・インリン陸軍中佐が『ＡＦＪ（Armed. Forces Journal）』誌に「将軍の失敗論」という論文を寄稿して、軍の側にも問題があると指摘したのです。当然のことながら、インリン中佐の意見は陸軍関係者から大反発されます。

インリン中佐の主張を要約すると、90年代に発生した民族紛争や宗教紛争は、いわゆる非正規戦であり、今後は国どうしの戦いではなく、一方がゲリラやテロリストのような非対称の戦争が主流になることがわかっていたのに、軍はそうした準備をしてこなかったと指摘したのです。

イラク戦争も、実体はベトナム戦争と同じで、いわゆる対反乱作戦（counter insurgency）でしたが、軍はうまく戦えなかった。イラク戦争の時の戦争指導は、文民指導者の間違いもあるが、軍人が治安維持の作戦をできなかったことも問題だと指摘したのです。

2008年4月、当時の国防長官のロバート・ゲイツは、陸軍士官学校で、ジョージ・マーシャル（第二世界大戦時の陸軍参謀総長、戦後に国務長官）が第一次世界大戦に出征した時、欧州派遣軍総司令官ジョン・パーシング大将に対して総司令部の対応に問題があると批判したが、かえってそれゆえにマーシャルが取り立てられることになったという故事を引きつつ、軍人に率直な意見具申を促したのですが、そこにはインリン中佐のような、自らを顧みて変化を求める動きを喚起しようと考えてのものだったと本人も語っています。

効果を上げたブッシュ大統領の新戦略

もう一つ、この時期に興味深い事件がありました。それはイラクへの増派に関することです。2007年1月、ブッシュ大統領は、イラクでの作戦がうまくいっていない責任はすべて自分にあり、今後は少しやり方を変えていくと演説しました。それが住民重視の対反乱作戦（Population-centric Counter Insurgency）で、そのために4個旅団、2万人を増派するというのです。

住民重視の対反乱作戦について簡単にご説明します。それまでのアメリカ軍の作戦は、テロリストが潜んでいる情報があれば、時間を決めて突入し、テロリストと思しき者を捕まえる、あるいは殺害して引き揚げるというテロ掃討作戦で、米兵はバグダッド郊外の大きな基地に駐留していました。

それに対して住民重視の対反乱作戦は、反乱が起きている都市部に中隊規模の小さな基地を多数設置し、24時間態勢で警備する。つまりバグダッドなどの都市部を面で支配して、テロリストが住民に近づかないように監視するわけです。その結果、攻撃の件数、テロ事件の件数は、２００７年2月から急激に減っていくわけです。住民重視の対反乱作戦を実施した結果、一時的ですが、状況は好転しました。

この住民重視の対反乱作戦がどこから生まれたかというと、非常に面白い経緯をたどっています。国防省や統合参謀本部は増派に反対していました。イラクの現地司令部のジョージ・ケイシー司令官もイラクへの責任の委譲を加速化して、米軍は離脱することを推し進めていました。

つまり軍のどのレベルからも増派のアイデアは出てきませんでした。では、どこから生まれたのか。一つはホワイトハウスのＮＳＣ（国家安全保障会議）からです。ＮＳＣスタッフのウィリアム・ルーティ海軍大佐が長を務めるセクションで、増派して作戦のやり方を変えればうまくいくのではないかという議論が検討されました。それだけでは文民が言っていることに聞く耳を持ってもらえないかもしれないので、もう一つ検討されたのが、当時大佐であったマックマスターのラインです。

のちに彼は陸軍中将まで進み、トランプ政権の国家安全保障問題担当大統領補佐官を務めますが、当時、イラク北部のタル・アファルという人口十数万の地方都市でこの住民重視の対反乱作戦を成功させたといわれています。

そのタル・アファルの成功を聞いて、マックマスターの下で幕僚を務めていた軍人を引き抜いて、AEI（American Enterprise Institute）研究所の研究員のフレッド・ケーガンが、バグダッドの治安をどうやって回復するかという研究をしていました。その結果、5個旅団くらい追加投入すればできるということになり、陸軍参謀次長を務め軍内に影響力のあるジャック・キーン元陸軍大将が、ケーガンらの報告を基に、ホワイトハウスでプレゼンしたわけです。

そのような後押しがあって増派が決定したのですが、そのアイデアは、少なくとも正規のルートから出てきたわけではない。しかし、そのアイデアを大統領が是としたので、大統領が統合参謀本部に増派を提案するという、下から上がる通常とは逆のプロセスになったわけです。

アフガニスタンへの増派——みせかけのオプション

もう一つ、政軍関係の観点から取り上げられる出来事として、2009年12月にオバマ大統領が発表したアフガニスタンへの増派決定があります。

オバマ大統領は、イラク戦争については批判していましたが、アフガニスタンについては必要性を認めていました。ただそれは、ある種の選挙対策上の思惑もあったといわれていますが、オバマ政権1年目に具体的に何をしようかということが検討され始めました。

そこで、新しくアフガニスタンの国際治安支援部隊（ISAF）司令官に任命したスタンリー・マクリスタルに、アフガニスタンでの戦況を評価させ、提案を出させました。出てきた三つのオプションは、1万人、4万人、8万5000人の増派でした。これはすでにお話しした、選択肢が限られる見せかけのオプションといわれるものです。

基本的にマクリスタル司令官は4万人増派という案を考えていましたが、マレン参謀本部議長からそれだけでは見栄えが悪いから、三つ提案するように言われ、1万人と8万5000人のプランを加えました。これを指示したマレンの狙いですが、1万人では少なすぎて効果がない。逆に8万5000人はコストもかさみ選択しにくい。そうなると、妥当なところで真ん中の4万人ということになる。つまり必然的にそれをとらせるように仕向けたといわれています。このように軍が提示する案以外のものを大統領が選べないようにすることを「ボックス・イン」といわれています。

しかもオバマ政権内で対応を検討している最中に、軍のトップであるマレン参謀本部議長やペトレアス中央軍司令官が、議会の公聴会やメディアに出て十分な資源を投入した対反乱作戦しかないと主張するわけです。ペトレアスなどは、知り合いのワシントン・ポストの記者をわざわざ呼んで記事を書かせるようなこともしました。

軍がメディアを通じて増派して対反乱作戦を行なうべきだと主張すると、オバマ大統領としてもそれと違うことを選択しづらくなるわけで、大統領は非常に怒るわけです。それで国防長官や参謀本部議長に部外での発言をやめるように指示したといわれています。

このアフガニスタン増派問題はその後も尾を引きます。オバマ政権が国防省に対するマイクロ・マネジメントが強かったといわれているのは、政権のごく初期にこうした軍の政治力の強さを見せつけられたことで、軍の力を警戒するようになったためといわれています。

たとえばジェームズ・マティス中央軍司令官（のちトランプ政権の国防長官）は、イランが米軍艦艇に対してさまざまな妨害行為をするのに対して、現場指揮官の判断で反撃できる権限を求めましたが、オバマ政権は基本的にノーという立場だったといわれています。

それに対し、ある種の緩和的な態度をとったのがトランプ政権でした。トランプ大統領自身、マイクロ・マネジメントをやらずに、軍に対しては必要な権限を与えると言っていました。実際、当時、イスラム国（IS）に対する軍事行動をやっていた「固有の決意作戦」多国籍統合タスクフォース司令官のスティーブン・タウンゼント陸軍中将は、インタビューで、トランプ政権になって「戦場で生じたあらゆる行動それぞれについて20の質問を受けなくてもよくなった」と述べています。何を言っているかというと、オバマ政権時代は何かやるたびに、ワシントンから20もの質問を聞かれて非常に困ったということを間接的に言っているわけです。

政軍関係の新たな潮流「責任共有論」

最後に、「文民優越論」、あるいは「プロフェッショナル優越論」とは違う論点があることをご紹介したいと思います。これまでの話は、「文民が軍人の上にくるのがいいのか」「餅は餅屋でプロフェッショナルに任せればいいのか」という議論でしたが、どちらの意見や見方にしてもそれでは不十分ではないかという議論です。それが「責任共有論」という考え方です。

軍事と非軍事の分野を区別することは非常に難しく、どちらかに権限を集中しても、権限の乱用を招き、戦略の成功にはつながらない。そこで、シビリアン・コントロールの主体とされる国防長官さえも、軍幹部と対等の「代理人（agent）」として位置付け、両者のコラボレーションを提案する流れがあります。

陸軍戦略大学のメアリーベス・アルリック教授は、文民と軍人は、お互いの領域から一線を越えないにしても一線に近づく努力をするべきだと言っています。あるいは、『軍民関係と責任の共有(Civil Military Relations and Shared Responsibility)』を書いたデール・ハースプリング教授も、軍人と文民指導者による対話によって検討を重ねるということができる雰囲気を作ることが必要であると主張しています。

このときの一つの論点として、国防長官も軍のトップも、選良(elected official)ではない。つまり選挙の洗礼を受けた公務員ではなく、政治任命の公務員(appointed official)であるということで、そういう意味では対等であるという主張です。

たとえば米国憲法上、合衆国公務員は大統領が指名して、議会の承認を得て任命するという規定があります。軍人も閣僚も合衆国公務員という位置付けになっているわけです。そういった点から国防長官も軍のトップの統合参謀本部議長も、並立であるという議論も成り立つわけです。

他方、そういった政軍の「責任の共有」の前提として、部内での議論は活発に自由にするべきだが、そのためには両者の信頼関係が重要で、議会やメディアに訴えたり、リークをしたりすることは控えるべきという議論もあるわけです。

文民指導者と軍人の信頼関係の構築

これまで見てきたように、これが良い・悪いと決めるのは難しいものがあります。米国でのこうした議論の展開を観察して気がついたことは、その時々の特定の状況があって、そういう議論が行なわれたという部分が非常に強いからです。

以上のように、いろいろな議論がありましたが、結論は政治と軍事の信頼関係が最も重要だということになるかと思います。ある意味、この結論は当たり前で、人間関係にすべてを帰着させる感じもしますが、それ以上のものがあるとは思えません。そういった基本的な人間関係の問題に帰着せざるを得ないところに政軍関係の難しさがあるのだと思います。

最後に、今回は触れませんでしたが、共和党と民主党の党派対立が米国内で激しくなっていて、今後その対立に軍人が巻き込まれることが懸念されるということを指摘して本日のお話を終わりたいと思います。

【質疑応答】

戦争における米大統領と議会の権限

河野克俊（元統合幕僚長）　基本的な質問になりますが、戦争におけるアメリカ大統領と議会の役割についてもう少しご説明ください。

菊地講師　基本的には、議会が戦争を宣言します。軍事行動を始める権限を議会に持たせているわけです。それに対して、大統領は最高司令官として、認められた枠内で指揮するということが、いちばん最初に憲法に書かれたわけです。その後、憲法上のいろいろな議論があって、明確になっていきました。たとえば外敵から攻撃、侵略された場合はどうなんだという議論が19世紀初頭にありました。1801～05年に地中海の北アフリカ沿岸を舞台に、米国と現リビアのカラマンリー朝（イスラム教の都市国家）が戦った第一次バーバリ戦争（トリポリ戦争）が発生しました。このとき、アメリカが攻撃された時点で戦争状態であるのだから、大統領は議会に諮ることなく反撃できるという議論が当時の議会でも受け入れられていたようです。

1861年に始まった南北戦争では、議会が承認しないままリンカーン大統領が戦争を進めていったことに対して議論になりました。結果は、基本的に南軍（アメリカ連合国）が最初に攻撃して、それに対して北軍（アメリカ合衆国）が反撃するのだから、改めて議会の承認を求める必要はないということで決着しました。

さらに1950年6月に始まる朝鮮戦争において、当時のトルーマン政権が展開した議論ですが、大統領には最高司令官として、軍の展開や使用について「完全なる統制権」があり、それには北朝鮮による侵略を撃退するために米軍を派遣することも含まれるというものでした。

ベトナム戦争末期の1973年、大統領権限の拡大への懸念から、議会のイニシアティブで戦争権限法が成立します。これは、アメリカが軍事行動を起こすときは、大統領が議会に報告して、議会が承認しなければ、アメリカ軍は撤退しなければいけないというものでした。でも、面白いのは、行政府の側、民主党政権も共和党政権も、大統領の最高司令官としての権限を侵すものとして戦争権限法の合憲性を認めていないんです。

ですから、いろいろな法律の中で、戦争権限法が言及されることはあるんですが、議会と政権で交渉した結果まとまった法案の文言を見ると、戦争権限法に「合致する形」で議会に報告を出しますと書かれていますが、同法の規定に「従って」報告するとは書かれてない。要するに、米国政府において誰が戦争開始を決定できるかという問題について、議会と行政府において大きな認識の隔たりがある状況が引き続き存在しているわけです。

河野克俊　ということは、議会はほとんど権限がないということですね。

菊地講師　議会は、戦争権限法は合憲であると主張し、行政府側はそれを認めていないという状況がずっとあります。ただ、議会の力としてあると言われているのが、戦費を引っこ抜いてしまうということです。確かに「財布のヒモ（purse string）」と言いますが、財政は議会の権限なので戦費の差し止めを行使するかどうかという議論はかつてあったんですが、それをやってしまうと、非愛国的というか、あまりに政治的にハレーションが大きいのでそれはやっていないという感じです。

河野克俊　戦争権限法に基づく議会の権限って、実質的には行使されてないということですね。

菊地講師　そうです。ただ実際は、湾岸戦争、アフガニスタン、イラクなどの戦争で、大統領は議会に軍事力行使に関する授権決議を求めています。そのとき、政権側の法案テキストは戦争権限法にはいっさい言及しないんです。でも議会側の対案は戦争権限法に言及する。そこで交渉があって、先ほどご説明したような、戦争権限法の言及はしますが、それに従っているとは認めない形のテキストにして落ち着くんです。

行政府側が戦争権限法の合憲性を認めていないのに、なぜ授権決議を求めるのかということですが、やはり、国民の戦意が失われて戦争をやめることになったベトナム戦争の苦い教訓もあって、戦争などの軍事行動を始める場合は、国民の代表である議会の合意を得ることが必要で、今後も議会に承認を求めるということは行なわれるでしょう。

田久保忠衛（座長）　戦争をするとき、アメリカは宣戦布告を一回もやったことがないと思います。すべて自衛戦争になるんですね。

菊地講師　数回、宣戦布告というのはあったかと思いますが、それ以外は宣戦布告という言い方ではないと思います。最近は軍事力、武力行使の授権決議というような形でやることも多いですし、全くそういうのがなく、大統領が作戦を開始しますということでやることも多い。朝鮮戦争は議会の行動というのはないまま始まっています。

河野克俊　戦後、国連憲章ができて、戦争が非合法化されました。それ以前は、戦争は合法でしたから、手続き上、宣戦布告ということがあった。いま認められているのは自衛戦争と国連の集団安全保障しか合法的ではないということですから宣戦布告というのは現時点においてはないのでしょう。

堀　茂（座長補佐）　1982年のフォークランド紛争ではイギリスとアルゼンチンの双方が宣戦布告しているはずです。第二次世界大戦後では唯一の事例だと思います。

河野克俊　でもイギリスの論理からすれば自衛戦争ですよね。戦線布告したらまずいんじゃないですか？　自衛戦争というのは、もう万やむを得ずやる戦争のことで、いまはそれしか認められていないんですから。

堀茂　宣戦布告は、国家として主権を侵害されているわけですから、相手国にその非道を訴えるために布告していいんじゃないですか？

黒澤聖二（座長補佐）　現代の国際法では、不戦条約や国連憲章の武力不行使義務など戦争禁止の意識の下で、宣戦布告がかえって侵略の証拠とされ、これを避ける傾向があり、あまり意味がない行為といえます。中東戦争、朝鮮戦争、ベトナム戦争などでは、少なくとも1907年の「開戦に関する条約」上の宣戦布告はなされていません。ただし、戦時国際法の適用時期を明らかにするという一定の効果はあると思います。つまり宣戦布告をしないからといって、それが直接の違法行為にはならないということです。

戦争の始め方、終わり方

織田邦男（元空将）　議会とホワイトハウスの関係ですが、議会は先ほど言われましたように、予算権限、予算編成権を持っていて、ホワイトハウスは基本的には持っていないですよね。それで、ベトナム戦争のときも、もうグチャグチャになっているのは議会もわかっているはずなのに、なぜ議会が予算編成権で軍を統制しなかったのかなという疑問があります。もう一つは、アメリカ憲法では、陸軍は編成し、海軍は創設すると書いてあるんですが、空軍については規定がないんですよね。米国における憲法と軍との関係はよくわかりません。

菊地講師　陸軍から空軍ができて、今度は空軍から宇宙軍が創設されました。そういう意味では憲法上の陸軍は空軍と宇宙軍を含んでいると解釈するんじゃないかと思います。

　政軍関係の話でいえば、陸軍を維持する。陸軍に関する歳出というのは2年を限度とするという文言が入っていまして、それも一つの政軍関係上の規定だといわれています。

　ベトナム戦争のときに議会が予算編成権を行使して掣肘（せいちゅう）しなかったのかという質問ですが、伝統的に議会は、行政府のやること、特に戦争などに関してとやかく言うべきではないという考え方が長らくあったといわれています。その結果、ベトナム戦争では、いろいろな失敗というか、ゴタゴタが起きたということで、そこから議会は積極的に口を出すべきだというアクティビズム（積極行動主義）が生まれ、それが戦争権限法につながるわけです。

　ここで指摘したいのは１９７０年代、議会の中に、単に議員がいるだけでは立法は難しいとなり、補佐するための体制を作っていったわけです。その一つがＧＡＯ(Government Accountability Office：

会計検査院）です。ほかにはＯＴＡ（Office of Technology Assessment：技術評価局）ができて、政府がやる政策の評価を議会が独自でやるようになってきたのです。また、ＣＢＯ（Congressional Budget Office：議会予算局）ではかなり細かく予算の評価をしているわけです。そういったものができていったのが、70年代以降です。

一つ補足すると、この時期、軍事関係法、予算関係法のいくつかが制定されました。その中でいちばん大きいのが国防授権法（National Defense Authorization Act）です。60年代は数ページほどだったものが、いまはおそらく千何百ページくらいのものを毎年作っているんです。何が書かれているかというと、その当該年度にペンタゴンがやるべきプロジェクトがすべて書かれていて、そこに記載されていなければ予算をつけてはならないという規定なんです。ここにも議会の積極性が見られます。

その延長線上として、ゴールドウォーター＝ニコルズ法という国防省改編法が１９８６年に制定され、統合参謀本部議長や統合軍指揮官の立場・権限が大幅に強化され、それによって米軍全体の統合が大きく強化されました。統合幕僚長や統合幕僚監部設置など自衛隊の統合強化も、この国防省改編法にインスパイアされた部分が大きいと思いますが、実はこの法律は、国防省ではなく、議会の側のイニシアティブで作られたものです。

1964年の大統領選挙で現職のジョンソン大統領と争ったこともあるバリー・ゴールドウォーターという上院議員が当時、上院軍事委員長だったのですが、彼自身の議員退任前のレガシー作りというか、個人的な思い入れのある事業として米軍の統合強化をテーマとして取り上げ、軍事委員会スタッフを中心に法案作成を進めました。これに対して、当時のワインバーガー国防長官は、米軍の統合に問題はいっさいないとして、協力を拒否しました。そのため、法案作成は議会内の作業として進んだわけです。結果、ゴールドウォーター＝ニコルズ法は大成功といっていい成果を出したわけですが、こうした事例から見ても議会の役割の重要性は評価されてしかるべきと思います。

石川昭政（衆議院議員）　私の質問は、戦争の終わり方です。アメリカも、過去の経験から戦争権限法や予算編成権などの仕組みを入れながら、開戦のハードルを設けているとのことですが、戦争の終わり方についてもいろいろ考えてきたと思います。ウクライナとロシアの戦争もそうですが、現代の戦争はなかなか終わりが見えません。戦争の終わらせ方について所見をお伺いしたいと思います。

菊地講師　ご指摘の通り、戦争は始めるのは簡単ですが、終わらせるのは非常に難しいと思います。

それはアメリカも同様で、始めたはいいが、なかなか終わらなかった一つがアフガニスタンの作戦です。最初に目標を決定します。しかし、その目標は作戦が推移するにしたがって、いつの間にか新たな目標が追加されてしまったりして、当初の目標からずれてしまうこともあります。

それを防ぐのは制度的な問題というより、個々人のそれに関わる者の力量なり、見識によると考えられるのではないのかと思います。

アフガニスタンを例にすれば、発端は「9・11テロ」だったので、テロリストの首魁なり、テロリストのネットワークを破壊すれば、それで作戦は終わるはずでした。その意味では、9・11の10年後の2011年にビン・ラディンを殺害して、目標は達成したはずで、オバマ大統領もアフガニスタンへのコミットメントを減らそうとした。

バイデン大統領も同様の考えで、アフガニスタンでの駐留継続を求める国防省に対して、撤退を決定しました。やはり目標がいつの間に拡散・拡大していくのはよくないということなんです。

対テロということであれば、もうアフガニスタンはその主戦場ではないし、アルカイダの首魁を殺しているので目標は達成している。前政権が決めた撤退を完遂して、結果的に、ガニ政権が崩壊するわけですが、どう終結させるかというベスト・プラクティス（最善の方法）はあまりないのではないかという気がします。

統合参謀本部と国務省の関係

太田文雄（元防衛庁情報本部長）　シビリアン・スプリーマシスト（文民優越論）と、プロフェッショナル・スプリーマシストの話をされましたが、これはどちらが上かという問題ではなく、政治指導者がまず軍に目的を与える。それをどう達成するかは軍に任せる。軍はプロフェッショナルの立場で政治家に助言するということだと思います。特にこれからはハイブリッド戦の時代で、軍事もその一手段というような戦い方になると思います。またグレーゾーンの段階での戦いにおいてはどちらが上かという議論ではないと思います。

外交アドバイザーとしての軍人についてお伺いしたいと思います。たとえば太平洋軍司令官を務めたハリー・ハリスは、その前は統合参謀本部議長補佐官をされていて、国務長官が外遊するときは必ずついて行きました。そのときはヒラリー・クリントンが国務長官で、ヒラリーの外遊にはハリス中将が必ず同行しました。逆に太平洋軍には国務省から必ずアドバイザーが入っています。そういう関係はまだ日本では見られませんが、今後は必要なんじゃないかなと思っています。それについてはどうお考えでしょうか。

菊地講師　最初のご指摘について、私も同意見です。講話の中で文民優越論とプロフェッショナル優越論を紹介したのは、アメリカの政軍関係で有名なピーター・フィーバー氏が二つの見方を提示して、それが入れ代わり立ち代わり出てきているという歴史があるということを説明したわけです。

講話の最後で新たな見方として「責任共有論」について紹介しましたが、太田さんがご指摘されたように、現在のハイブリッド戦では軍事と非軍事を区別するのはさらに難しくなり、そういう意味からも政治と軍事を分けるというより、両者で徹底的に問題点を洗い出すために議論すべきだという考え方は重要だと思います。

軍事史家のエリオット・コーエンは文民優越論的な立場の学者ですが、その一方でコーエンは軍人にも、シビリアンに対して敢然と「それは違う」と言うように求めています。お互いが納得するまで徹底して議論するべきだということです。そういう意味では対話というのが、一つのキーワードになると思います。

二つ目の外交アドバイザーについてです。統合参謀本部は国務長官に対する軍事アドバイザーという役割があります。それは、おそらく第二次世界大戦の経験があると思います。第二次世界大戦におけるアメリカの国防と外交は、ルーズベルト大統領が一身で体現していました。１９４２年に統合参謀本部ができたとき、最初はホワイトハウス内に置かれて、法的な根拠もなかった。要するにイギリスと協議するために統合参謀本部が必要だったわけです。

この当時、統合参謀本部が検討していた戦争指導上の案件というのは、次の戦線をフランスにするか北アフリカにするかなど対外戦略そのものといっていいような問題でした。当時の軍は、こうした戦後の世界を形成する部分まで主導していたわけです。戦後、1947年国家安全保障法によってNSC（国家安全保障会議）が作られますが、法律の文言をみると、基本的には外交と軍事が国家安全保障だというように定義されています。その統合を図るのがNSCの当初の目的だったわけです。そういった背景もあって、戦後、ハリー・ハリス中将の例のように、統合参謀本部議長補佐官（中将）が国務長官の軍事アドバイザーの役割を果たしたり、統合軍の司令部に国務省の大使経験者が外交アドバイザーとして配置されたりするなど、国防省・軍と国務省、軍事と外交の連携を図るための施策が盛り込まれたんだと思います。

もう一つは、連邦政府の中の電話帳といわれている「フェデラル・イエロー・ブック」というのがあり、これは非常に詳細なもので、デスク・オフィサーの電話番号までも掲載されていますが、それを見ると国務省の中に非常に多くの軍人が配置されていることがわかります。特にポリティカル・ミリタリー・ビューロー（政治軍事局）にはかなりの軍人が入っています。彼らは、たとえば新たな軍事作戦をやるときには攻撃機が外国上空を通過する、その際には当事国の許可を得ることが必要ですが、そのために24時間態勢で対応にあたっていたりするわけです。そうした点からも国務省と国防省の連携が見て取れます。

理想の政軍関係――ルーズベルトとマーシャル

織田邦男　戦争を始めるときの軍人の役割は、非常に難しいものがあると思います。講話の中でイラク戦争のときはシンセキ陸軍参謀総長が占領統治にはもう数十万人必要と言ったが、ラムズフェルド国防長官が駄目だと言って、彼を更迭しちゃった。結果的にはシンセキ陸軍参謀総長の意見が正しかったわけです。

今回のロシアによるウクライナ侵攻でも、あの広いウクライナを19万人ほどの兵力で四方向から入ってきたわけですが、軍事的合理性からすれば、当然、軍人は「こんなのできませんよ」と言わなきゃいけないと思うんです。それを言ったかどうかはわかりませんが、軍事的合理性の説明では、プーチンを止められなかったわけです。

もう一つの例として、1936年にヒトラーがラインラント進駐をやりましたが、のちにヒトラーは、博打だったと告白しています。あのときフランスが戦車を出してきたら、すぐ引き下がる予定だったと。当然ながら、ドイツ陸軍参謀本部は反対していると思います。小銃しか持っていないんだから。いわゆる軍事的合理性からすると反対。でも、政治的な決断を止めることはできなかった。

しかもラインラント進駐が成功してしまった。その結果、ヒトラーの発言権が増し、ドイツ参謀本部が物を申せなくなったという、禍根を残す結果となったわけです。

軍事的合理性から見て正しい決断ではないということをどのように政治にアドバイスするかという問題は、私自身まだ整理できないんですが、そのあたりはどのように考えていますか？

菊地講師　ここにおられる、多くの方が政軍関係のプラクティショナー（実践者）で、私が何かを申し上げるのは気後れするのですが、やはり軍事的な合理性で説得し、文民と責任を共有するということだと思います。軍人が自由に意見を言える雰囲気作りが、政軍関係の成功の一つの条件だと思います。でも、これがなかなか難しい。

強力な政治指導者に、ノーと言った事例を挙げると、第二次世界大戦時のジョージ・マーシャル陸軍参謀総長でしょうか。彼はルーズベルト大統領に面と向かって、「私は全く賛成しません」みたいなことを堂々と言いました。

ちょうどドイツがポーランドに攻め込み、その後、フランスに危機が迫る。そこでルーズベルトはイギリスに陸軍航空隊向けに生産しようとしていた航空機を提供してイギリス防衛の強化を支援しようと考えた。それに対して、マーシャルはアメリカ陸軍の強化、つまりは陸軍航空隊の強化を先にしなければならないと考えていた。

ルーズベルトは陸軍が生産している爆撃機などをイギリスに供与すると言って、みんなに同意を求めたところ、みんなは大統領だから「賛成です」って言うんですが、マーシャルだけは「いや、私はそれには反対です。賛成しません」と言って、みんなを凍りつかせました。

そのときマーシャルは陸軍参謀次長で、その数か月後に陸軍参謀総長になるわけですが、米国自体が危機のただなかにあるその時期に腹蔵のない意見を言う人間をルーズベルトは取り立てました。

一方、ロシアのプーチン体制では、秘密警察の存在があり、軍の高官でもいつ夜中にドアがノックされて、連れ去られるかわからない。そうしたなかで、軍がプーチンに諫言して止めるというのはなかなか難しい。

また、西側の報道ではロシアの情報機関である連邦保安局（ＦＳＢ）が、ウクライナ軍の買収は終わっているので、すぐに瓦解しますというような報告を上げていたといいます。確かにそう信じられる面はあったと思うんですが、プーチン大統領もそうした評価を受け入れたのでしょう。そうした意思決定過程に軍としてはおそらくインプットはできなかったのだと思います。そういう意味で政軍関係の破綻があったんだろうと思います。

文民によるマイクロ・マネジメントとトランプ大統領の批判

堀茂　アメリカの著名な政治学者であるピーター・フィーバーの「エージェンシー理論」について質問です。シビリアン・コントロールの方法論として、『Armed. Servants』という本の中で彼が主張しているのは、cost-benefit calculation（費用便益計算）という概念で、全体的にマーケティング的な解釈をしています。出てくる用語もprincipal vs. agentという対立軸で語られていて、プリンシパルはどうも大統領を指し、文民の国防長官はプリンシパルではなくエージェントを意味するらしい。だからエージェントがプリンシパルの意を体することが重要であるという理論だと思います。

マーケティング的概念におけるエージェントとは、A社が駄目ならB社というように、プリンシパルの意に沿わないエージェントを交替できるわけです。それをどうコントロールするかというと、フィーバーは、懲罰（punishment）や監視（monitoring）で行なうという。そして軍も同じような手法でコントロールすると、フィーバーは言っています。軍も一つのエージェントとして位置付けられますが、ほかのエージェントとは違って代替性がないエージェントじゃないですか。軍の存在そのものがほかのエージェントとは本質的に違うわけで、その管理や統制が懲罰や監視でできるのか疑問です。

菊地講師　ご指摘の通り「エージェンシー理論」は、経済学から借りてきたもので、要するに本人代理人理論というものです。無理やり日本語に訳せば、プリンシパルが本人で、エージェントは代理人です。つまり本人が何かをしてほしいことを、代理人を指定してやらせるという関係です。

これは、通常の人間関係でも、普通に成立していることだと思います。国民が政治指導部を選出するのも、プリンシパルである国民が代理人である議員を選ぶという行為です。あるいは民間企業で上司が部下に何かやらせるのも、上司がプリンシパルで、エージェントが部下と考えれば成立すると思います。

その理論を政軍関係に持ってきて、プリンシパルの意向を損ねる形で抜け駆け（shirking）するみたいなことをどうやって防ぐかというと、懲罰や監視で対応する。確かにそういうことはアメリカの政軍関係、特に軍事力整備の面で多く見られます。

たとえばブッシュ政権時代のラムズフェルド国防長官が「クルセーダー」自走砲の開発の中止を断行したとき、やり方も乱暴だったんですが、陸軍の議会連絡部が議会に「助けてください」みたいなことをやって、それがばれてクビになる事件が起きました。戦争とは違う場面で、一般的な人間関係と同じようなこともあるので、そのことをフィーバーは言っていると思います。

もう一つ、鋭いご指摘だなと思ったのは、軍は代替が利かないということです。政軍関係の中で文民と軍人は対等であるという議論があると話をしましたが、結局のところ、文民は代替案を出したり、アイデアを出したり、精査はできますが、軍に代わって、軍事作戦をやるというのは絶対にできません。さらに、文民がオプションを作っても、それが実施可能かどうかわかりません。本当に実施できるものを作るのは無理です。というのは、単にコンセプトの問題ではなく、実際の物資動員計画だからです。つまり、軍がオプションをいっぱい作るのを嫌がる理由の一つでもあります。

ある作戦をやる場合、どこから、どのアセットを持ってくるか、たとえば飛行機を飛ばすにしても、どこからどの兵器を持ってきて、どこで空中給油して、どこを攻撃して、どうやって帰還させるか。さまざまなアセット（資源）をどう動かすかは、実際にアセットを持っている軍以外に作りようがありません。そういった意味で、軍の非代替性というのは非常に強くあると思います。

堀茂　ありがとうございます。もう一つ質問です。先ほど河野さんも指摘されましたが、議会と政府のシビリアン・コントロールにおける二重性についてです。トルーマン大統領のときからそうなんですが、どうも軍が政府の政策に異論を唱えることが多く、マッカーサーがその最も典型的な、明示的な解任でした、それ以外にも陸軍と空軍の反対で建造中止になった空母「ユナイテッド・ステーツ」問題、アイゼンハワー大統領のときも、いわゆるニュールック戦略に反対して、マシュー・リッジウェイ陸軍参謀総長が解任されています。

また政府とは別に、議会も軍人の率直な意見を聞く権利があるので、議会もシビリアン・コントロールするという仕組みがあります。軍としても、政府に異論がある場合、議会を味方につけて「軍＋議会」対「政府」みたいな政治的対立構図ができてしまう。その結果、政府も軍に譲らざるを得ない状況になって馘首できない状況もある。どうも、アメリカの政軍関係はそういう駆け引きがずっと続いているという印象があります。

講話の中でも触れられましたが、イラク戦争の時、ラムズフェルド国防長官やチェイニー副大統領が、退役したジャック・キーン（陸軍参謀次長）を呼んで、シンクタンクの「アメリカン・エンタープライズ」のフレデリック・ケーガンらとともに、第二参謀本部的なものを作って、文民が中心になって作戦を立案して、ブッシュ大統領に直接プレゼンするわけです。参謀本部は完全に無視です。

しかし、その作戦（住民重視の対反乱作戦）が成功してイラク増派決定につながった。1991年の湾岸戦争のときの、いわゆる「レフトフック」（湾岸戦争時にチェイニー国防長官が主導したポール・ウォルフォウィッツ国防次官ら文民中心に策定した作戦計画）も同じです。織田元空将も言われたように、成功しちゃったから、参謀本部は顔向けできない。明らかに軍や参謀本部の威信を損なっている。こういうことがアメリカの政軍関係を非常に傷つけていると思いますし、こういうことがこれからも起きる気がするのですが、どうでしょうか。

菊地講師　議会との関係で言うと、ロバート・ゲイツ国防長官が2008年4月に陸軍士官学校で行なった演説で、憲法上、議会は行政府と「同格の府（coequal branch）」であり、軍人は、大統領、国防長官と同様、議会に対しても十分な説明責任を果たす必要があると訴えています。

米国においては、第1条で立法府が規定され、第2条で行政府が規定されていますが、「第一の府」とされる議会はシビリアン・コントロールの重要な担い手であると認識されています。ただし、議会に対して説明責任を果たすことが、軍と大統領や政権との関係を難しくするということは過去もありましたが、こうした構造は憲法に根差すものなので、解消されることはないでしょう。それが米国の民主主義なのだと思います。

先ほど、1986年ゴールドウォーター＝ニコルズ国防省改編法の話をしましたが、同法であらたに盛り込まれた規定に、統合軍に対する指揮系統は、大統領から国防長官へ、国防長官から各統合軍指揮官に至る、そして、統合参謀本部議長は、国防長官と統合軍指揮官の間の「通信」（コミュニケーション）を「伝達」（トランスミット）というものがあります。実は、同法案の検討の過程で、軍の指揮系統の機能の仕方まで議会が決めてしまっていいのかとバージニア選出のジョン・ウォーナー上院議員が問うたことがありました。このとき彼は、海軍の依頼を受けて法案への反対論を唱えていたといわれています。

それに対して、上院軍事委員会スタッフとして法案の起草作業を担当していたジェームス・ローカーという人が、憲法第1条の議会の権限には、軍の編成と規律に関する規則制定が含まれ、国防省とその幹部職それぞれは議会により設置されているのだから、軍に対する指揮系統がどのように機能するかを定めるのも議会の権限なんだと答えたという一幕がありました。結局、実はゴールドウォーター・ニコルズ法が制定された当時の国防長官キャスパー・ワインバーガーは、議会が国防省に関与してくることを嫌い、米軍の統合に問題はなく、法改正の必要もないと言い張り続けた結果、ゴールドウォーター・ニコルズ法の制定に際して影響力を発揮することはなく、同法制定は完全に議会のイニシアティブにより進められました。それによって、米軍の統合は大きく進んだので、議会のアクティビズムは大きな成果をもたらしました。

近年でも、上院軍事委員会委員長を務めたジョン・マケイン上院議員は、亡くなる数年前になりますが、「ゴールドウォーター＝ニコルズ法から30年」と銘打った公聴会をシリーズで開催し、そこで出された国防省改革のための施策を法律に盛り込み、実現している部分もありますので、議会の役割が軍隊に大きなプラスになっている部分があると思っています。

他方で、軍人のメディアへのリークも現実問題として起こることがあり、そういうものも含めて、軍のパワーだということは言われているので、そういった点から、やはりそういうような駆け引きがあるというのは、おっしゃる通りだと考えています。

堀茂　それに関連して、時の政権に対する軍人の政治的発言が問題になっています。オバマ政権時代、スタンリー・マクリスタル陸軍大将は『ローリング・ストーン』という大衆誌で、オバマをはじめ、その文民スタッフに対して口にできないような侮蔑的で下品な発言をするということがありました。普通なら議会の人間がバックアップできるんですが、それができないくらいの内容だった。ただ、そのマクリスタルに対しても明示的な解任はできなくて、結局、辞表を受理して事を収めました。ある程度、軍人に配慮しないと、軍全体が反発して問題が大きくなってしまう。かつてのトルーマンによるマッカーサー解任みたいな明示的なことはもうできないということでしょうか。

菊地講師　米国では、実質的には解任でも、単純に「クビだ」といって単純に解任することはなく、形式的には辞表を求めそれを受理する、ということで辞任の形式をとることが普通です。マクリスタルのときも同様で、メディアもそれを「解任」と報じました。なお、権限の点からいえば、大将クラスはすべて「serve at the pleasure of the President」、つまり、大統領の意に適う限りその職務を務めるということがそれぞれのポストの根拠法に書き込まれてあり、こうした人々については、大統領が気に入らなければ気に入らないという理由で、その人をクビにすることも法律上は可能です。ただし、実際には、そうすることは大統領の側にも政府部内の軋轢を表にすることになるので、大きな政治的なコストをともなうのも事実です。

『ローリング・ストーン』誌での発言は確かにシビリアン・コントロール上の問題ともいえますが、必ず解任しなければならないというものでもなく、政治的な判断としてそうしたのだと思います。であるので、政治的な理由で解任することへの反対給付として、政権の側が、陸軍大将として退役するには大将としての勤務期間が足りないマクリスタルが大将として退役できるよう、法律上の例外規定を使うという配慮をしたという側面もありました。

あとマクリスタルの場合は、おそらくオバマ大統領の再選などに影響しないようにという配慮もあり、解任後、結局、何が起きたかというと、監察本部（ＩＧ）というのが国防省の各機関にあるんですが、陸軍ＩＧがまず調査をして、その後、国防省のＩＧが調査をして、「ほんとにあなたはそんなことを言ったの？」みたいな調査を本人にしたらしいんです。

そうしたら、陸軍ＩＧの調査ではやはりそういうことはあったという結論だったんですが、国防省ＩＧの調査では、調査対象者が発言を否定し、それを額面通りに受け止め、当時のマクリスタルのスタッフには大きな問題はなかったという結論になってしまった。その後、マクリスタルは、ミシェル・オバマがトップを務めたJoining Forcesという、軍の家族の支援に向けたプログラムのアドバイザーに任命され、マクリスタルは政権に取り込まれることになった。その背景には2期目の大統領選が近づいてきて、マクリスタルを政府の外に放っておいて、そこであんまり変なことを言われると困るので、中に引き込むという配慮もあった。

そういう意味では、やはりその背景には軍のほうも、たとえば気にいらないと思えば、知り合いのワシントン・ポストの記者などを使って、何らかの形でそれを出してくるといったものもあります。そういった軍が持つ総合的な影響力を懸念するというか、そこは気にせざるを得ないという部分はあると思います。

黒澤聖二　マイクロ・マネジメントに関する質問です。2017年8月、アフガニスタン戦略演説の中でトランプ大統領は、従来のワシントンによるマイクロ・マネジメントを批判し、軍に必要なツールと交戦法規を与えると発言しています。

交戦法規（ROE：Rules of Engagement）は文書で発出されます。たとえば海軍の作戦であれば海軍のトップが署名して発効します。それを裏付けるのがNCA（National Command Authority：国家指揮権限のことで米国では大統領と国防長官）です。そして交戦法規は国際法、国内法に合致したリストで構成されていて、そのリストを選択して与えるという方法をとります。

トランプ大統領の発言は、制約を解除し、現場の権限を拡大して戦果を上げるという考え方です。すでにオーソライズしたものに対して、さらに上から制約を解除するということは、現場の意向はどうなったのかという疑問がわきます。

現場の監督責任として、現地指揮官から解除リストを上申し、それをオーソライズするということであればわかります。しかし、一方的にリストを変更して現場の権限を拡大するのは、政治と軍事の調和という意味で疑問符がつきます。それこそ軍の現場に無理やり手を突っ込むという感じがしますが、講師はどういうお考えなのかというのが一点です。

二点目として、コソボ紛争のときにNATO軍が爆撃しました。その爆撃でいくつかの失敗事例がありました。その一つがNATO軍の爆撃機が鉄橋を破壊する作戦で、鉄橋自体は軍事目標となりうるので、国際法上は違法行為ではないのですが、軍用の貨物列車が通るという情報で鉄橋を爆撃したとき、その列車に客車が連結されていたことです。そのため大勢の一般人の犠牲者を出したことで、爆撃機の機長が軍法会議にかけられたわけです。

その結果、ROEの違反はなし、情報伝達ミスということで機長は無罪放免になります。ただ、そのときに世間を騒がせたのは、爆撃の映像がすべて公開されたということです。そのインパクトは非常に大きく、爆撃に関するROE自体が政治問題になりました。

ある意味、マイクロ・マネジメントの典型的な一つの事例になるということで、広く紹介されていますが、現代戦を考えたときに、やはり映像の力は非常に大きいと思います。現下のウクライナ戦争においてもそうですが、衛星やドローン、市民のSNSなどからの映像があり、純粋なコバート・オペレーション（隠密作戦）はもうできないのではないかと感じます。

そうなったときに、さまざまな情報は公開されるという前提で各種作戦を練らなければならず、作戦の立案には政治的な観点が絶対に必要だと思っていますが、いかがでしょうか。

菊地講師　交戦法規の話ですが、トランプ大統領の発言は、黒澤さんの言われるような懸念を彼自身わかっていたかというと、たぶんわかっていなかったのではないでしょうか。

２０１３年、オバマ政権のときに、対テロ作戦における攻撃の対象を拡大するというのが行なわれました。それまで米軍はアフガニスタンやイラクの戦争以外にも、ソマリア、イエメン、北アフリカで戦闘がありました。９・11テロ後の授権決議、あるいはイラク戦争の授権決議にも、対象外のところで作戦を展開する場合は大統領権限でやるわけです。ただ、その場合、よりいっそう注意してやるという建前上、たとえば特殊作戦部隊の作戦計画を、国防省やＮＳＣ（国家安全保障会議）の法律顧問にもレビューさせ、最後にＮＳＣで大統領まで見せてはじめて発動するという手続きを踏ませていたわけです。

それが現場部隊の指揮官の権限という問題も含めてそのプロセスが非常に重くなっていたという批判があって、トランプ政権のときに何をやったかというと、報道に基づくものですが、地域別にこういうことをやってもいいというのを最初に決めておいて、個別の攻撃まで大統領まで見せる必要はないというふうに変えました。

二点目の映像の時代ということですが、今回のウクライナ戦争でも市民が撮影した写真なり動画がＳＮＳ上に上げられて、軍の活動が非常に見えやすくなっているのは、まさにその通りです。

今のところ、ウクライナ軍は国土戦をやっているので、ロシアがウクライナの土地を蹂躙する悪者です。逆に、ウクライナ軍が敵対的な地域に入っていって作戦をやるという状況にはまだなっていないので、ウクライナにとって、ＳＮＳを含めたメディアの状況は不利にはなっていないというところはあると思います。

もう一つは、ＳＮＳを含めた情報化時代のおかげで奇襲攻撃ができないということはいろいろなところで議論されています。少し前の米海軍協会の『Proceedings』という雑誌でも、プラネットという衛星会社がコンステレーション型の小型人工衛星を大量に飛ばしているので、じきに広大な海洋であっても日に何度かの頻度でもれなく撮影できるようになると指摘する論文が掲載されていました。

さらに言えば、今まで軍艦は広い海洋に出てしまうと、それを捕捉するのは難しかったんですが、多数の小型衛星で広大な海洋を日に数回の頻度でカバーできれば、衛星が撮影した大量の画像データをＡＩ（人工知能）により処理することで、洋上の艦船の所在を素早く洗い出すことが可能になる、こうした多数の小型衛星とＡＩの組み合わせが、海上ＩＳＲの様相を大きく変える可能性がこの論文で指摘されていました。

また、２０２２年2月24日のロシア軍のウクライナ侵攻の前、国境近くのベルゴグラードで大渋滞が起きているのがグーグルマップに表示されました。その渋滞はロシア軍が移動していたために発生したもので、スマホのアプリからもロシア軍の行動がバレてしまったわけです。

Ｓｔｒａｖａという会社がランニングする人が使うアプリを作っていますが、軍人はだいたいよく走りますから、そうすると、Ｓｔｒａｖａのホームページ上にあるヒートマップで基地の周辺が明るい黄色に表示されてしまう。実際、アフガニスタンにあった米軍のバグラム空軍基地の外周が見事に黄色で表示されてしまった。基地の形も見えるので、見る人が見れば飛行場だとわかります。現地の住民はアプリを使ってランニングする人はいませんから、そこは外国人、特に外国の軍人が多くいる場所、つまり基地であることを示してしまっているわけです。そういう意図していないところに現在のネットワーク化社会の落とし穴があるわけです。

ＩｏＴといって、モノが人間を介在せずに直接ネットワーク上でつながるという時代ですから、人間が意識せずにデバイス間の通信で、情報を飛ばして、それがいろいろなところに現われる。そうなると、部隊の行動を暴露するのは、無線やレーダー波とかいうだけではないので、そこに気をつけて、軍事作戦をしないと失敗するという話は、アメリカ軍の雑誌などに数多く出ています。

逆にそれをどう使うかということも今後の課題の一つと感じています。

一筋縄ではいかないアメリカの政軍関係

太田文雄　講話の中のラムズフェルド国防長官の罷免を要求した「将軍の反乱」事件で思い出したんですが、２０２２年バイデン大統領は評価報告書を公表して、トランプ大統領が２０１８年に開発を決めた海上発射型の戦術核ミサイルを葬ってしまいました。これに対して、陸海空の大将が反対しているんです。まずミリー統合参謀本部議長。彼は陸軍大将です。戦略軍司令官のリチャードソン海軍大将、それから欧州軍の元司令官のウォルターズ空軍大将です。彼らが反対しているにもかかわらず、今のバイデン大統領はその判断を覆さない。これは、トランプに関わるものはすべて反対ということなのか、こんなことに金を使うんだったら社会保障に回せという民主党左派の判断なのか、そのあたりのことをご存知でしたらお教えください。

菊地講師　言い方にもよりますが、議会などで軍人が言うのは許される範囲なんだろうと思います。過去にもそういう事例はありました。

ロシアが大量の戦術核を持っていて、戦略核に至らない段階での核の脅しをやっているわけで、それに対応する手段を持っていたほうがいいというのは合理的な判断だと思いますが、その一方で、潜水艦発射弾道ミサイルのトライデント・ミサイルの核出力を下げたものが導入されていますし、それ以外の戦術核もあるのでそれで補えるという議論もあります。

確かに民主党左派には反軍的というか、核軍縮派がいるのは事実ですが、それだけではないような気がします。

田久保忠衛　政軍関係というと、ミリタリーとシビルのトップの関係のように捉えられますが、いまは軍事的圧力より経済制裁措置がより有効な武器となっています。そうなるとシビルのところがグーッと膨らんでくるじゃないですか。学問としての政軍関係の性格が変わってきたのではないかと思うのですが、いかがでしょうか。

菊地講師　確かに軍事以外のツールが大きな効果を持つということを考えると、軍事の役割についてもいろいろと意見が出てくると思います。

たとえば2011年に統合参本部議長を務めたマーティン・デンプシーという陸軍大将がオバマ大統領から外交問題についてコメントを求められ、「いえ、私は軍人なので……」というふうに答えたら、「いや、そうじゃなくて、こういった外交問題でも軍人の立場からどう見えるかというのを発言しろ」と言われたそうです。

そういう意味では、単に戦争を「する・しない」ではなく、外交を含めたより広い問題を議論するとき、軍のトップも対等な参加者として入るというのは、今後ますます増えていくと思います。そういった意味では、単純に文民と軍人というくくりだけの政軍関係では捉えきれない、捉えられない部分が出てくると思います。

堀茂　軍産複合体（military-industrial complex）についてお尋ねします。かつてアイゼンハワー大統領が言った言葉ですが、発注者である国防省と受注する軍需産業の間を文民・軍人を問わず、同じ人間が出入りしているという現実があります。

近年の例でいうと、トランプ政権で、ジェームス・マティスが国防長官に任命されたとき、退役から4年しか経っていなかったのに登用されました。マティスは海兵隊退役後、ゼネラル・ダイナミクス社の役員をしていたんです。

法律で退役後10年経過しなければ、公務に就けなかったのが7年になり、さらに短くなって4年で登用されているわけです。この意味するところは、最初、発注側にいた人間が受注側に行き、今度はまた発注側に行くということです。これは文民も軍人も同様で、その時間的、法的拘束がゆるくなったということです。

同じようにバイデン政権でも、ロイド・オースティン陸軍大将がユナイテッド・テクノロジーズ、レイセオンの役員を務めて、退役から7年経ってないのに例外的に国防長官に登用されている。国務長官のアントニー・ブリンケンは文民ですが、国務長官になる前は、ウェスト・エグゼック・アドバイザーズという軍需関係のコンサルタント会社の役員でした。ちなみにマティスは国防長官を辞めた後、またゼネラル・ダイナミクスへ戻っています。

そういう意味では、回転ドア（revolving door）といわれるように、軍人も文民も同じサークルの中で回っているような気がします。これで真っ当な文民統制ができるのか。結局、文民も軍人も一つの同じ利害の中でやっているグループの一つのように感じます。これこそアメリカの文民統制の劣化の側面と思うのですが、ご意見をお伺いします。

菊地講師　確かにそれは否定できない側面ですね。シビリアンの場合、政府に入れなかった人は、その業界との関係があってなかなか入れなかったという話をよく聞くので確かに利害は共有している部分があるのかもしれません。他方、それに対する監視というのも、当然、設けられているので、一定の歯止めはあるんじゃないかと思います。

いま言われたマティス海兵隊大将が退任後4年で国防長官になったのは、法律上の規定を免除するために、別の法律を通して認めているということはあります。ジョージ・マーシャル元帥が朝鮮戦争勃発直後に国防長官になりましたが、そのときも同じような手続きを踏んでいるんです。それが続くということについては、やはり批判はあります。

先ほど、お話ししたエリオット・コーエンですが、彼はユダヤ系の方ですが、イスラエルもそういった問題を抱えていると指摘しています。というのは、イスラエル国防軍の参謀総長が退任後すぐに議員になって、国防大臣で戻ってくるというような事例が多いらしいです。そうなると、国防大臣にしても、現在の参謀総長がいつ自分のライバルになるかわからないという状況で、国防大臣と参謀総長が政治的なライバルという状況が生まれてしまいます。

イスラエルの政軍関係に関する本を読んでいたら、アメリカのことは触れてないんですが、軍人は現役を退いてから数年間はクネセト（国会）議員になれないという「クーリングオフ」期間を設けるべきだと書いてありました。やはり、イスラエルでも、軍人が退役直後に政界入りすることの問題が意識されているようです。エリオット・コーエンもイスラエルの事例を引用しながら、元軍人が国防長官に就くのはよろしくない、ほかにも有為な候補がいるはずだと主張しています。

もう一つの問題は、アメリカで党派性が非常に強くなっているということです。国防長官には高度の管理能力や政策に関する深い知識や経験が求められるわけで、米国には、こうした高位を目指して、特定の政党と関係がありながらも国防政策のプロとして経験を積んでいる人材がありますしかし、そういった人材が党派性の争いに巻き込まれるとどうなるか。トランプ政権が発足すると き、共和党関係者の中にトランプ大統領だけは絶対反対というネバー・トランプの人たちがいて（エリオット・コーエンやピーター・フィーバーらもその一員です）、そういう人たちは、みなトランプ政権からは遠ざけられました。そうなったときに、党派性がそもそもない軍人が非常に有効な人材のプールに見られてしまう傾向は強くなる気はします。

櫻井よしこ　日本で考える「政軍関係」はもっとシンプルなものが多いような気がしますが、アメリカの事例を聞くと、歴代の政権でずいぶんニュアンスが違うし、行きつ戻りつしながら、しかもかなりの犠牲を生む結果になったりしていることがよくわかりました。アメリカの政軍関係はきちっと定まっているという印象を持っていたんですが、なかなか一筋縄ではいかないということを実感として思いました。

また、中国の今回の共産党大会の結果からもわかるように、習近平政権が軍事色をさらに強め、軍事委員会を見ても、台湾問題を重視する人材が並んでいるわけで、ほんとにいつ何が起きるかわかりません。そのような中で、あらためて日本国も政軍関係をきちんと整理しておかなければいけないと思いました。ただ、そこに至る道のりは遠いというのが現状で、危機感を持ってお話をお聞きしました。

今日は本当にありがとうございました。

（2022年10月25日）

【まとめ】軍事力行使をめぐる米国の政軍関係

1950年、国務省政策企画局長に就任したポール・ニッツェ（Paul Nitze）が主導したNSC68は[1]、ジョージ・ケナン（George Kennan）のX論文[2]同様に、第二次世界大戦後の米国の対外政策を決定づけたものである。一言で言えば孤立主義への回帰ではなく、戦後も引き続き「自由と民主主義」を世界に敷衍し、それを阻害するものと断固戦うという〝宣言〟であった。もちろん、それは米国の圧倒的な軍事力と経済力に裏打ちされた米国主導の国際秩序構築とその維持である。NSC68は米国の国家運営（state craft）の基本となった。

かかる経緯の中で考えると、この方針も第二次世界大戦後の米国の政軍関係上での課題であった戦時中に膨大に膨らんだ軍人の数的コントロールと米国社会における彼らの処遇ということとリンクする。端的に言えば、米国自身が今後どの程度軍事力を維持すべきなのか、加えてそれを支える軍人および退役軍人についてである。

菊地講師も指摘されているが、これは対外的な問題であると同時に国内的問題でもあった。軍人の地位と役割は単に軍事的問題だけでなく、同時に社会的、経済的、文化的問題でもある。サミュエル・ハンティントン(Samuel P. Huntington)の『軍人と国家』[3]のテーマも、そこが出発点となっている。

ハンティントンの主張は、建国以来憲法にも明記されている市民の権利としての銃器保持によって、プロフェッショナルな軍人ではなくシビリアンたる市民兵として戦うのが、米国の基本という伝統へのアンチ・テーゼともいえる。彼は軍人をプロフェッショナリズム(professionalism)という概念により、一定の自律性と自立性を担保することで文民政治家の恣意的な軍事関与を排除して「文民統制」は達成され得ると考えた。

米国の「文民統制」の特徴は、政府だけでなく議会にも同等の権利があることだ。歴史的にみると議会は、政府の国防政策に異論を唱え非難された軍幹部を召喚して彼らの弁明を聞くことが多い。その結果、政府の対応が恣意的な「統制」ということにもなり批判される場合もあった。ことに政権与党が議会において少数派となる場合、問題はより複雑になる。二大政党がそれぞれに、軍を政局に絡めて都合よく恣意的に利用して対世論工作することがあるからだ。

本来「文民統制」は軍の政治への服従であるが、それは最終的な段階での問題である。重要なのはむしろ、両者に信頼関係があって日常的な相互の情報交換や議論が前提という話であり、それを常にアップ・デートしていくことである。だが、近年の米国の政治指導者と軍人の信頼関係について言えば、それは十全とは言えない状況にあることは菊地講師の説明の通りである。

特にクリントン政権以後、それは顕著になった感が強い。クリントンは軍歴のない大統領で、彼の経歴から「ゲイ好きの、ドラッグ経験者で、徴兵忌避の、女たらし」[4]と公言した将官の発言が問題となった。他方、クリントンの文民スタッフもホワイトハウスでは軍人とは口をきかないということもあり[5]、何やら子供じみた感じもするが、それゆえに両者の確執は根深いものであった。

だが、彼らの不和の主因は政治目的と軍事的見地からの相違とか、そういう類のことではない。簡単に言えば、軍人の側からすれば文民への侮蔑であり、文民に軍事的経験や知見のないことに由来する。他方、文民の軍人忌避の理由も、自分らが軍事を知らないゆえの軍人嫌いというだけである[6]。これらは、一般には民軍格差(civil-military gap)[7]と言われており、いつの時代にもあったが、徴兵制の時代は、これほど顕著ではなかった。

つまりベトナム戦争以後、自ら志願して湾岸戦争、イラク戦争、中東におけるテロとの戦いなどに参加して帰還した軍人への社会の見方の変化である。徴兵制の時代の米国には多くの退役軍人が存在したが、志願制で軍務経験のない者が多数となれば、軍人は必然的に少数派となる[8]。むしろ米国人の多くが感じているベトナム以来の「大義のない戦争」を戦った者への視線が冷たいのは当然だろう。これが軍人の疎外感となる。

また別次元の政軍関係上の問題としては、格差ではなく逆に政軍の一体化がある。国防省と軍隊組織が巨大軍需産業と癒着することで、文民、軍人両者の排他的な利権構造が構築され、それを継続させる体制の存在である。米政治学者のハロルド・ラスウェル（Harold D. Lasswell）が規定した兵営国家（Garrison State）であり、アイゼンハワー大統領は軍産複合体（military-industrial complex）と呼んだ。

これを「文民統制」の危機と感じていたアイゼンハワーは、現役軍人に対しても峻厳な対応で際立っていた。在任中に文民たる国防長官の権限強化と軍人の議会に対する国防事項の勧告権廃止を求め、各軍の参謀総長の任期1期4年を1期2年に短縮した。実際に彼は「ニュールック戦略」[9]を批判するリッジウェイ陸軍参謀総長の任期を更新しなかった。[10]

なぜアイゼンハワーは、後輩である軍人たちに厳しかったのか。自身がいちばん軍事的知見を持っているというような自負ではない。彼が危惧したのは、米国の「文民統制」の劣化である。これも、統制する政治家の姿勢や軍人の対応もしくは両者の相互信頼の欠如という次元ではない。米国の国防体制全体が、文民・軍人両者が一体となって利権構造を構築している状況についてであった。

米国際政治学者のアンドリュー・ベイスビッチ（Andrew J. Bacevich）[11]が指摘するように、文民・軍人が一体化して軍需産業の中に組み込まれれば、国防省と企業をつなぐ回転ドア（revolving door）の向こうには強大な権力と巨大な利得が待っている。現バイデン政権においても、それは継続しており、ブリンケン国務長官、オースティン国防長官ともに国防省と関係の深い企業の役員経験者なのである。また、これまで米国では軍人は退役後7年経たないと公務には就けないという規定があったが、それも形骸化している。

トランプ政権のマティス氏は軍人出身だが、退役後4年で大手軍需企業ゼネラル・ダイナミクスの役員から国防長官になり、退任後はまた同社の役員に戻るという、まさに回転ドアを地で行っている。[12]オースティン長官も7年を経ずに国防長官に就任した。だが、それらはあまり批判されていない。今や米国の「文民統制」はアイゼンハワーの危惧通り、劣化していると言って過言ではないだろう。俗な表現をすれば、文民、軍人ともに同じ穴の狢であり、狢どうしで「文民統制」は達成されない。

我々が留意しなければならないのは、民主主義国においても政治的に完全に中立の軍隊というものは有り得ないということだ。軍人も政治的思惟を有する。その上で政治指導者の政策決定過程を有効に機能させるために、上位の軍人は自身の軍事アドバイスがいかにそれらとリンクするかを考えねばならない[13]。

当然ながら軍人も選挙権を有していれば党派性もある、今は米国退役軍人の約5割が共和党を支持しているという[14]。だが、そういう政治的思惟を有しても軍務経験者の絶対数が圧倒的に少ない現状では、その社会的影響力は必然的に弱体化する。これからは、現役ならびに退役軍人が米国社会の中で異端とならぬために、いかにほかの市民と融和していくかが課題となるだろう。

文民と軍人とのコラボレーションが重要なのは言うまでもないが、かつてケネディ大統領が訴えた「国家が諸君のために何ができるかを問わないでほしい。諸君が国家のために何ができるかを問うてほしい（Ask not your country can do for you, ask what you can do for your country）」の精神はあるのか。元来、米国は多民族国家故の包容力のある多様性が特徴であった。貧困であっても、奨学金をもらいながら高等教育を受け、意志と才覚次第で政府や軍の幹部になれる国である。また有色人種であっても、国家指導者になれる国でもある。

君主制国家とは違い、国家と国旗に忠誠を誓うこの国の軍隊が、今後いかにその徳義（moral）と士気（morale）を維持するのか。また、管理・監督する政府はいかなる「統制」でそれを実行するのか。そして社会全体が軍隊の機能と役割をいかに認識し、その組織と人をどう支えていくのか。その答えは極めて難しい。菊地講師が講演の最後に指摘されたように、「文民統制」というものが、その時々の政治状況や軍事環境に左右されやすいものであればあるほど、その将来は、今後も誰も予見できない不透明感と困難に満ちていることだけは確かであろう。

（文責：堀　茂）

（1）ＮＳＣ68（国家安全保障会議報告第68号、１９５０年）は、米国の第二次世界大戦後における最重要の対外政策指針である。ポール・ニッツェ（国務省政策企画局長）主導のこの方針は、共産主義勢力拡大阻止を企図した「封じ込め政策」（containment policy）と西側体制の強化を目的とし、それ以後の米外交政策の基本となった。

（2）国務省高官であったジョージ・ケナンが“Foreign Affairs”(June/July,1945) に匿名Xで発表した、“The Sources of Soviet conduct”である。ソ連駐在時代の国務省宛ての長文の外交電文（long telegram）がベースになっており、米国の「封じ込め政策」の理論的支柱となった。

（3）Samuel P. Huntington, “The Soldier and the State”, The Belknap Press of Harvard University Press,1957.

（4）“gay-loving, pot-smoking, draft-dodging, and womanizing” commander in chief, Peter D. Feaver, “*Armed Servants*” Harvard University Press, 2003, p.215. “pot-smoking, draft-dodging, skirt-chasing Commander in chief” in an after-dinner talk, Michael C. Desch, edited by Suzanne C. Nielsen and Don M. Snider, “*American civil-*

military relations",The Johns Hopkins University Press, 2009, p.91. 前記の記述は若干表現が違うが、ハロルド・キャンベル（Harold Campbell）少将が大統領侮蔑発言をしたということで、罰金の上、早期退役させられた事件である。

（5）Feaver, "*Armed Servants*" ,181p.

（6）Peter D. Feaver and Richard H. Kohn, editors, "*Soldiers and Civilians -the Civil-Military Gap and American National Security-*", The MIT Press, 2001, p.471.

（7）Feaver and Kohn, "*Soldiers and Civilians -the Civil-Military Gap and American National Security-*", pp.1-11. "The civil-military gap refers to the divergence (or convergence) of the attitude, values, perspectives, opinions, and personal background of members of the military compared with members of civilian society", Feaver, "*Armed Servants*", pp.204-205.

（8）18歳以上の総人口（男性）に占める退役軍人の割合は、１９７０年の44％を最高に、１９９０年には30％、２０００年には25％、そして２０１８年には13％まで下落している。人口数でも、２６４０万人（２０００年）から１７９６万人（２０１８年）に減少している。"Those who served/Number of U.S. veterans since 1910", United States Census Bureau,2020.

（9）トルーマン政権時の通常兵力や国防費を削減して、戦略爆撃機による核の大量報復を企図して抑止力を向上しようという戦略で、「大量報復戦略」と言われた。

（10）アイゼンハワーの軍への対応については、菊地講師の以下の論文に詳しい。「政軍関係から見た米軍最高幹部の解任事例」菊地茂雄（防衛研究所紀要第13号第2号、２０１１年1月）。

（11）アンドリュー・ベイスビッチは23年間陸軍将校として勤務後、ボストン大学で歴史学および国際関係論を教え、現在は名誉教授である。著書に、“The Limits of Power”,“The American militarism”,“Breach of Trust” などある。

（１２）“General Dynamics elects Jim Mattis to board of directors”, press release gd.com, August 7,2019.

（１３）Nielsen and Snider, “*American Civil-Military Relations*”, p.392.

（１４）２０１７年のPew Research Center の調査では、退役軍人の49％が共和党、20％が民主党、無党派その他が29％という結果が出ている。他の調査でも退役軍人の50％近く、現役では60％以上が共和党支持であった。

第6章　「栗栖事件」再考

――日本的「政軍関係」の原点

講師：堀茂（近現代史家、国基研客員研究員）

「栗栖事件」とは何か

1978年（昭和53年）7月、制服組トップの栗栖弘臣（くりすひろおみ）統合幕僚会議議長が一連の発言により解任された「栗栖事件」を覚えている方も少なくなっているかもしれませんが、今こそ栗栖さんが提起された問題をきちっと総括する必要があると思います。

とくに政軍関係というものを考えるとき、日本の政軍関係はどこに問題があって、何をどう改善すべきかというエッセンスが詰まっている事例だと思います。そのあたりを中心に、皆さんのご意見を伺いながら、議論させていただきたいと思います。

まず栗栖さんについてですが、1920年（大正9年）広島県のお生まれです。旧制の呉一中から第一高等学校へ。それから東京帝国大学の法学部を卒業されています。高等文官試験行政科に首席で合格し内務省に入省されました。

当時は大東亜戦争中で、短期現役海軍法務科士官を志願し、帝国海軍へ入隊されました。南方戦線に従軍され、法務大尉として終戦を迎えられております。終戦後、3年ほど現地で戦犯の特別弁護人を務め、1948年（昭和23年）に復員されました。

戦後は一時期、弁護士になられたようですが、1951年（昭和26年）9月に警察予備隊に入隊され、警察士長（三佐）に任ぜられました。その後、陸上自衛隊の第13師団長、東部方面総監を経て、1976年（昭和51年）に第13代陸上幕僚長、1977年10月、第10代統合幕僚会議議長に就任され、1978年7月28日に退官されております。1980年（昭和55年）6月、民社党公認で参議院に出馬されたが落選。その後は静岡新聞の客員論説員、金沢工業大学付属国際問題研究所や国士舘大学客員教授などを歴任され、2004年（平成16年）にご逝去されました。

これから本題の「栗栖事件」に入りますが、実は事件前の1978年（昭和53年）2月に別の問題を栗栖さんは起こしていたんです。「栗栖論文事件」あるいは「栗栖小論文事件」といわれるもので、おそらくほとんどの方がご存知ないと思います。私も詳しく承知しておらず、論文といっても、外部に出した論文ではなく、内部文書が野党議員の手に渡って、それがリークされ、その中身が問題になったようです。内容は「専守防衛では抑止力にならない」「侵略相手に自らの基地などがやられるかもしれないという心理的圧力を与えない武力では、侵略側の攻撃などを未然に防止する効果はない」という、いまと同じような議論です。

それを朝日新聞が取り上げて記事にしたわけです。そのヘッドラインが当時の時代を象徴していて、「『文官統制』の機能を活かせ」「安全保障は広い視野でやれ」というもので、注目すべきは、「文民統制」ではなく、「文官統制」となっていることです。

このような経緯があった上で、同じ年の7月に「栗栖事件」が起こるわけです。『週刊ポスト』(小学館)のインタビュー記事で、栗栖さんは、現行の自衛隊法には穴がある。奇襲侵略を受けた場合、首相の防衛出動命令が出るまで動けない。そのために、第一線の部隊指揮官は超法規的行動に出ることはありえるという主旨の発言をされたわけです。

この発言が政治問題化して、かなり紛糾したわけです。しかし栗栖さんは記者会見でも、絶対信念を曲げず、同様の発言を繰り返しました。そのため、政府としては「文民統制」の観点から「不適切な発言」として、栗栖さんを事実上、解任したわけです。このときは金丸信さんが防衛庁長官でした。

新聞記事では「栗栖解任。亀裂走る　防衛庁」「意思通じぬ内局」とか「栗栖統幕議長、更迭」「文民統制に背く」「一連の問題発言に端」などと報じられ、大きな問題になったわけです。参議院の予算委員会では、栗栖さんがこれまで書かれた本の内容まで追及されました。自衛隊の「独断専行」についても同様で、あとでお話しいたしますが、非常に大きな問題になったわけです。

自衛隊法では「急迫不正な攻撃」に対する「正当防衛」は認めていますが、その法的根拠は、警察官職務執行法（警職法）の第7条です。いわゆる個人の正当防衛であり、個人としての最低限の反撃です。そんななかで「敵国の奇襲攻撃に対して出動命令を待っていれば」「その間に我が部隊は」必ず「全滅するしかない」というのが栗栖さんの言い分です。結局、自衛隊がわが領土で敵を発見したときにできることは、まず警察に通報するだけという状態になっているわけです。

「現行法（防衛庁設置法、自衛隊法）では、不備が多く」問題があるので、「その遵守だけでは、国を守れないことを訴える」のが栗栖さんの目的でありました。しかし「現行法」は自衛隊をがんじがらめにして、極力動かすことができないようにしている。治安出動、防衛出動ともにハードルを上げて設計、運用されているので、肝心なときに全く動けないわけです。この状況では実力組織の最高責任者としての責務を果たせない、そして国民の多くが軍事忌避であり、わが国の国防の実態も全く理解されていない。なんとか世論を喚起して、国防の実態を知ってもらい、国民の危機意識を醸成する必要があると考えたわけです。

当時は冷戦真っただ中で、極東ではＳＳ－20中距離弾道ミサイルの配備が始まり、ソ連軍は質量ともに増強されていたわけです。日本のマスコミに便乗したわけではないでしょうが、ソ連も栗栖氏を批判していました。

「文官統制」という誤解

当時、私は大学生でしたが、そのとき感じたのは、栗栖さんは我々の知らなかったことを率直に語ってくれたというものです。現行の法的手続きに従えば、急迫不正の奇襲攻撃というものに対して、自衛隊はほとんど何もできないという現実です。当時の国民は知らなかったわけですね。「えっほんとにそうなの。じゃあ何のために自衛隊はあるの」となるわけです。

今回の講演のサブタイトルは「日本的『政軍関係』の原点」ですが、ひと言で言えば、わが国の政軍関係は疑似的政軍関係なんです。なぜ疑似かといえば、ミリタリーではない自衛隊が、政治家ではない行政官僚に実質的に統制されている。これに尽きます。

いわゆる統制する主体と客体が、本質的な意味で存在しないわけです。要するに、「行政機関ではない軍隊」の管理・監督を政治が行なうということではじめて文民統制は意味を持つわけですが、わが国はそうではない。ここに政治家ではない官僚が統制の実質的主体を担うという「文官統制」という誤解が出てきます。

本来の文民統制というのは、シビリアン・コントロール（civilian control）、またはシビリアン・スプリマシー（civilian supremacy）といい、文民でなく政治統制（political control）を意味します。しかしわが国ではシビリアンという意味を政治というよりも内局の官僚、文官官僚が制服組に対して統制を行なうという解釈で一般化させてしまったのです。

これは政治家にも責任があり、政治家の軍事忌避といえます。政治家が官僚に丸投げすることで、責任回避という面がありました。官僚側も自衛隊という実力組織の運用全般を掌握することで、いわゆる「軍の暴走」を抑止し、政治家に代わって国防政策全体のイニシアチブをとれるというメリットがありました。

「栗栖事件」当時の防衛政策の基本は、端的に言えば制度的にも運用的にも制服組をなるべく関与させないシステムの構築です。軍事的専門領域までも官僚が関与していく。この心理的な背景には敗戦国としての反省があったわけです。軍事組織はいつか暴走する。かつての帝国陸軍のようになるんじゃないかという懸念です。二つ目の背景として、官僚、とくに旧内務官僚の存在です。彼らは旧軍に対して非常に深い怨念があった。栗栖さんの時代、減ったとはいえ、まだかなりの数の旧軍将校が自衛隊にいたので、彼らに対する怨念は強かったと思います。三つ目は、軍事に関わることは基本的にタブーにする、もしくはしたいという政治の姿勢だと思います。

わが国の政軍関係においては内局（背広組）が圧倒的に強く、その下部構造として自衛官（制服組）がいる。本来、政府は防衛省・自衛隊を管理・監督するわけですが、その管理・監督を政府ではなく内局が仕切るわけです。

本来、官僚ではなく、政府が自衛隊に対してイニシアチブをとり、「文民統制」を直接やらなきゃいけないわけです。議会のほうも政府批判だけじゃなくて、ほんとは政府とは異なる「政治統制」をやるべきなんです。議会のほうからの「政治統制」というものが必要なわけです。

当時の日本は、実質的な国防の最高意思決定機関は参事官会議でした。この防衛参事官制度は2009年に廃止されましたが、これは防衛庁内局の局長クラスのキャリア官僚の集まりで、彼らは防衛庁の生え抜きではなく、外務、警察、大蔵、通産省という他官庁出身者です。彼ら防衛参事官がほぼすべての重要事項を決定しておりました。

栗栖発言に対するメディアの対応——栗栖批判の論理

そういう状況のなか、なぜ栗栖さんは超法規的行動発言をしたのかということですが、当時の栗栖さんの発言を追ってみます。

●「現状のままでは、第一線指揮官は全く自己の責任において戦わざるを得ない、と指摘したのであって、既存の法律に違反するとか、いわゆるシビリアン・コントロールに抵抗するとかいった問題ではない」

●「むしろ現状でシビリアン・コントロールの及ばない範疇を述べたのである。換言すれば、きわめて例外的な、しかも自衛隊の健全性保持には不可避的に考えざるを得ない場合、法律も中央の指示もないのだから」、これは「超法規的な行動にならざるを得ない」

栗栖さんは「エクストラ・リーガルであり、スーパー・リーガルじゃない」とも発言しています。でもスーパー・リーガルという英語はないんですね。法律にないからエクストラ・リーガルなんですが、栗栖さんの言いたかったのは、法律を無視するのではなく、法律がないからエクストラ・

リーガルにやるしかないということだったわけです。

　こうした栗栖さんに対して、いろいろなところから批判が出たわけです。まず朝日新聞です。阪中友久編集委員による、「問われる文民統制」という記事が出ました。阪中さん曰く、栗栖発言には落とし穴があるとして、
　第一は、現実に生起しそうもないシナリオを描いている。

　第二は、国際情勢が緊張した場合の危機管理は、防衛庁・自衛隊だけでできるものではない。

　第三は、政治の質を向上させないと、法体系整備は自衛隊の行動を容易にするだけの危険な道となる。

　一つ目の「生起しそうもない」というのは朝日新聞・阪中さんの思い込みであり、危機管理においては最悪の事態に備えるという基本中の基本が欠落している考えでしかありません。

　二つ目の危機管理は防衛庁・自衛隊だけでするものじゃないというのは当たり前の話です。阪中さんは「文民統制は政治の側の指揮監督に対する自信と、軍の政治に対する信頼があって、初めて有効に機能する」と言いますが、ここでは「自衛隊」ではなく、「軍」という言葉を使っています。阪中さんは一般論として言われているんですね。仮に政治に文民統制の自信がなければ、軍に政治への信頼などあるわけないということだと思います。

三つ目の「政治の質」とはどんな意味なのかわかりませんが、「政治に自信を付けさせないと、いくら有事法制を策定しても、自衛隊が暴走するだけである」という阪中さんの主張も、「軍人暴走」説という思い込みだけが強く出ている感じです。

同じく「天声人語」（1978年7月）の記事です。「強大な力をもつ自衛隊の現役幹部が法を無視するかのような主張をしてはおさまりがつかない」とまず批判します。続いて「先制攻撃の意図をつぶすためには、相手国の基地をたたく事もあり得るし、第一線の指揮官が独断専行で相手国への緊急発進を行う事もありえる」という栗栖さんの考えに対して、「国際法上、攻撃を受けた場合、それに応戦する正当防衛の権利は認められている」と応じています。栗栖さんの発言の意図や次元と全くズレているわけです。栗栖さんは「法を無視」するのではなく、「正当防衛」や「緊急避難」では対応できないと言っているのです。

さまざまな批判に対して、栗栖さんは次のように反論されています。以下、箇条書きします。

●「現地部隊が独断で戦闘することはそのまま戦争につながるから危険だ。かつての盧溝橋事件から支那事変に発展した危険を感じる」

これに対する栗栖さんの答え。「現地部隊の抵抗がそのまま自動的に戦争に拡大するものではなく、中央部の判断なり指示により、局地戦に終わるか国家間の戦争になるかが決まる」

●「現在、平和の時代であり、ただちにわが領土の侵犯が起こりそうにもないときにこういうことを言うのはいたずらに危機感を煽る許しがたい行為である」

栗栖さんの答え。「自衛隊、国防のための武力集団は、敵との遭遇という最悪の条件を土台とした上ではじめて有事即応、士気旺盛の度合いが本物となる、ということを主張しただけである」

●「政治家と裏で結託して有事法制を整備して、再軍備のお先棒をかついだ」

栗栖さんの答え。「自分が述べたのは、いわゆる『有事法制』ではない。『有事法制』とは、国家が有事と認めたときに、すなわち防衛出動が下令されて、部隊行動なり国民活動を円滑にするための現行法の例外規定を作ることである。今回、自分が主張したのは、『有事法制』でカバーされる事態以前の国家としての姿勢を例題としたのである」

●「(栗栖さんは)政治的野心を持っている。統幕議長の任期は一年だから、辞める前に劇的な効果を狙ったのではないか」

栗栖さんの答え。「自分は政治的野心などいっさいない。これまでの発言のすべては、こちらから述べたものではなく、記者ないし軍事専門家の質問に答えたにすぎない。その際に従来の慣行に反し率直に答えすぎたとするなら、これはできるだけ誤魔化すまいとする私の人生観に由来する」

ここで「従来の慣行に反し率直に答えすぎた」ということですが、いわゆる行政官僚というのは前例踏襲主義で、前任者と同じ言動をとるのが普通ですが、栗栖さんの場合、部下の自衛官が多くの制約や矛盾の中で奮闘している状況で、その心境を思うと官僚的な態度をとれなかったと思われます。部下を導くのに、講話や訓話を繰り返すよりも、自分の行動を見よという実践主義だったわけです。熟慮したあとは、正しいと信じることを実行に移し、その結果に対しては潔く身を処する。これが栗栖さんの信条です。

「いまの自衛隊に政治の枠を離れて独走しようとする気配があるんじゃないか」という危惧に対する栗栖さんの答えは次のようなものでした。「万が一、危険があるとすれば、それは将来にわたって国民が国防、安全保障に目を向けず、自衛隊にも正当な役割を与えず、これを異物視し、国民の中の自衛隊として容認しない態度のほうが問題である。国民が天下泰平で国防から目を逸らしている現状とそれを啓蒙しない政治にこそ問題がある」

最高統帥機関――統合幕僚会議の実態

自衛官トップの栗栖統幕議長とその発言が、どうして袋叩きになるような状況に至ったのか。そもそも政治を最高レベルで補佐すべき統合幕僚会議（統幕会議）および統幕議長とは何なのか、そして何のためにあるのか。かつて私が栗栖さんにインタビューしたテープがあるので、そこから要点のみを以下に紹介します。

栗栖さんによれば、もともと内局には統幕会議を作る意思はなかったようです。そして、統幕議長が何をやるか全く明記されていないし、総理や防衛庁長官に対して、どういう立場であるのかさえはっきりしていない。しかも、陸海空の各幕僚や幕僚長自身が、内局の統制に加えて、統合幕僚会議にも統制されるんじゃないかという危惧があり、設置には抵抗があったようです。

また有事の際も、中央指揮所には統幕議長の部屋はないわけです。総理大臣の部屋もないのに、なぜか防衛局長の部屋はあるということでした。これをもってしても自衛隊の最高位である統幕議長が三軍を統合指揮することは全く想定されていないことが明白なわけです。もともと統合軍などできない想定なのに、何のために統幕議長は存在するのかというお話です。

平時の通常業務においても制服組は意思決定から外されていました。たとえばほかの官庁においては省議というものがありますが、防衛庁においては他官庁の出身者である参事官による参事官会議というものが、最高意思決定機関となっている。よって、省議というものがなかったわけです。

参事官会議には大臣や次官は参加しておりませんので、参事官会議の結論をそのまま大臣に上げていたわけです。会議後「大臣、これで決まりましたので、ご決裁ください」ということで終わりです。大臣までも棚上げしていたという実態が常態化していたのです。

統合幕僚会議においても、統幕議長は「用兵作戦」の最高意思決定者のように見えますが、実際には陸海空の幕僚長の意見を抑えたり、反論することもできなかったようです。また、統幕会議で異論が出たときには必ず文書にして、内局に報告しなければならないという内部訓令もあったといいます。

統幕議長は、総理大臣はおろか防衛庁長官にも直接具申できないのです。帝国憲法下で軍人には帷幄上奏権（いあくじょうそうけん）がありましたので、直接、大元帥たる陛下に報告できましたが、戦後の統幕議長は文官同道でないと何もできない。それも内局の秘書課を通じてやらなければならない。栗栖さんのお話によれば、それも数週間放置されることが多かったということです。

栗栖さんに言わせれば、統合幕僚会議は〝顔見せ会議〟であり、議長も〝お飾り〟だったということです。ではなんで作ったのかというと、アメリカの要請なんですね。政治的に米国のカウンターパートがないと困るという理由で設置されたと思います。

「栗栖事件」の本質

そういった時代背景のなかで起きた「栗栖事件」とは何だったのか？　結論から言えば、一自衛官の「暴走発言」などでは決してなかったということです。

栗栖発言は、わが国の防衛における根本的な法的、制度的矛盾や欠陥を、きわめて率直に訴えた勇気ある発言であったと私は思います。

しかも、制服組トップの現役将官の発言であるということが、政治家をはじめ、国民に絶大なインパクトを与えました。栗栖さんにとって現役で言うところに意味があったんだと思います。退官してからは何でも言えますが、現役時代に言うというのは非常に勇気がいるわけです。

これがアメリカでしたら、そういう発言をしても、議会、とくに上院は軍人の個人的かつ率直な意見を聞く権利がありますので、必ず軍事委員会などに呼び出して弁明させるわけです。わが国ではそういう制度や機会がありません。アメリカでは議会が政府とは違って救済措置というか、少なくともビンディケーション（正当性の主張）の機会を与えるわけです。

たとえば、トルーマン政権期の大型空母建造をめぐるデンフェルド海軍作戦部長やアイゼンハワー政権期に「ニュールック」戦略を批判したリッジウェイ陸軍参謀総長の「解任」は、いずれも軍人の国防政策批判でしたが、議会が軍人の立場を支持した結果、政権への大きなダメージとなりました。

わが国においては、現行憲法に由来する一国平和主義の中で、世論をリードするマスコミや国民の多くが戦争忌避、軍事忌避という状況だったわけで、栗栖さんに対しては相当ネガティブな反応でした。

栗栖さんの発言は「超法規的行動」といわれていますが、その本意は、自衛隊は「超法規的」に行動しないために、あくまで法令順守で、その手続きに従い行動すべきであるという考えでした。国を守るべき自衛隊が、現行法に従って行動すれば、自軍が全滅するという現状認識があって、この「法的不備」を自衛隊最高指揮官として、なんとか政治に改善してくれなければ困ると、控え目に要望しただけでした。

国内のあらゆる場所において「防衛出動下令前に敵上陸ということはありうるわけです」「この

場合に自衛隊は何をなすべきか」「明確な行動の基準が示されていないというのが」最大の問題だったのです。平時のＲＯＥ（Rules of Engagement：行動規定〔部隊行動基準／武器使用規定〕）がないため、自衛隊が警察に通報するしかないわけです。

要は、平時において国が侵犯された場合、自衛隊はいかなる対処権限があるのか、これが不明確なので、警察で対応できない状況でも警職法の第7条を準拠して対応しなければならないわけです。これは個人の正当防衛の範疇です。しかし、官僚はいろんな言葉を考え出すものですが、「集団的正当防衛」なんていう言葉を当時考えたらしい。それこそが自衛権ということだろうと思いますが、まず既存の法令でなんとかしようとするのがいかにも官僚らしいですね。

栗栖氏の真意――「独断専行」の必要性

栗栖氏は著書で軍人の本分としての「独断専行」ということに言及しています。もちろん、これは命令なしで勝手に行動するというような字義通りの意味ではありません。作戦行動というものはいくら前もって策定していても、マニュアル通りにはいかない。状況の変化によって常に流動する。それを固守することはむしろ危険であり、柔軟に対応していく必要があるということです。

作戦目的を達成するための手段は、あらかじめ準拠すべき大枠を示すだけで、あとは現場での裁量の余地を残す必要がある。それをいちいち司令部の指示を仰いでいたら作戦行動はできません。まして、政治がそこに口出しすれば軍事的な合理性や整合性以外の要素が入り込み、作戦行動に混乱と遅滞を招くわけです。軍隊行動の本質に関わる「用兵作戦」における政治介入の排除です。栗栖氏が言われる「独断専行」もこのような意味でした。

この「独断専行」について、栗栖さんは次のように書いています。「軍の行動において、『独断専行』は不可欠の要素である」。自衛隊でも「自主積極的な任務の遂行」として、「状況の危急に」応じて、「遅疑逡巡する事なく、積極的に行動する事は極めて重要である」とあります。

栗栖さんの「独断専行」は、軍の自律性確保ということと同義であり、さらに敷衍するなら「超法規的行動」も一つの「独断専行」といえるでしょう。最悪の選択は、法を遵守した結果、国土は蹂躙され国民にも犠牲が出る事態です。それが栗栖さんが現役時代の日本の国防体制であり、いまも同様なわけです。

栗栖さんのように現役軍人の発言が政治問題となるのはわが国だけではありません。とくに民主主義国家における軍人は「文民統制」の下に置かれているので、「政軍関係」からいえば政治が主導します。総じて軍人は、政府や議会から圧迫されていると感じることが多いようです。政権が代わるたびに政治家たちの恣意的な人事や軍事的無知に悩まされているからです。かかる状況で、政治に容喙もしくは政府批判をしたということで解任される事例は多々あります。

先に述べたようにアメリカのような三権分立が明確に確立している国では、議会（とくに上院）が軍人の国防政策に関する率直な意見を聞く権利があります。彼らに弁明の機会を与えているわけです。場合によっては、議会がそれを聞いた上で軍人の立場を支持して、政府の国防政策を変更させることもあります。

わが国においては、アメリカのような制度はありません。「栗栖事件」以後も制服組の解任事例は、いっさいの弁明を許容しないものでした。第12代統幕議長の竹田五郎氏の場合、「防衛費GNP（当時）1パーセント枠」と「徴兵制を違憲とする政府見解」に異を唱えて解任され、2008年には田母神俊雄航空幕僚長が懸賞論文問題で解任されました。さきほど少し触れましたが、それらはいずれも個人としての政策批判や歴史認識という次元の話でした。

栗栖さんの指摘は国防責任者としての任務遂行に直結する重大な法的瑕疵の指摘であり、本来ならば政治が改善すべきことでした。政治家、自衛官を問わず、誰もがわかっていたことなのに、誰も言わないという不作為でした。二言目には「文民統制」という政治家が、不測の急迫不正の攻撃に対して自衛隊が何もできないことを知らないわけがないのです。もし仮に本当に知らなかったとすれば、まさに売国奴的怠慢といえます。

行政機構の中の自衛隊という「軍隊」

防衛省のホームページを見ると「防衛省・自衛隊」と表記されています。一般人が見れば防衛省という官僚組織と自衛隊という実力組織が併記されている思いますが、これには重要な意味があります。それは行政機構の中での官僚組織たる防衛省と本来自立性と自律性を有すべき自衛隊が一体化しているということなのです。もちろん自衛隊はシビリアン・コントロールの観点から政府の統制を受ける存在です。人事権も政府にあるので、統制下にあることは事実です。

ですが、各幕僚監部や統合幕僚監部のような軍令組織が防衛省という行政機構の中に完全に組み込まれていることは、実質的に文官の統制も受けていることを意味します。

安倍内閣において運用企画局という「用兵作戦」を司る部署が各幕僚監部に移管されましたが、文官もそのまま異動して実態は変わっていません。もちろん文官も存在していいのですが、幕僚監部自体が防衛省の組織内にあり、以前と同様に文官の統制を受けていれば何も変わらないのと同じことなのです。

本来ならば、軍事行政（軍政）を担当する行政機関組織と陸海空軍や軍令機関たる参謀本部は別個の存在です。アメリカにおいても国防省の統制は受けるものの陸海空軍および海兵隊や各参謀組織は並立的に存在しています。少なくとも軍令組織と軍政組織は同格的存在としてあらねばならないのです。さらにいえば参謀本部など軍令組織が政権のカウンターパートとなります。

そういう意味で、自衛隊の統合幕僚会議議長、現在の統合幕僚長は総理大臣に対する最高軍事顧問として、常時、助言できる立場になくてはならないのです。必要なときはいつでも単独で総理大臣に面会できる。官僚同道ではないということです。

政治のトップである総理大臣と自衛隊トップの統幕長こそ、国防の最高意思決定権者であるはずです。ある意味、両者は同格ですが、最終的に政治決定が優先されるということだと思います。

栗栖さんの訴えたかったことは「真の政治主導というものを確立せよ」ということだと思います。そうでなければ「文民統制」が確立できないわけです。もう一つは、自衛官に国際基準の「軍人」としての地位と役割を与えよということです。

とくに政治家たるべき者は、軍事に対する本質的な理解や知見が絶対に必要です。これが政治家になる前提条件です。政治家が最高指揮官としての政治目的を明確に語り、その目的成就のため軍のあらゆる行動に対して、政治家がすべて責任を持たねばなりません。

政治家が紛争や戦争における達成すべき政治目的を明確にしたあとは、それを達成するために了承した軍のROE(行動規定)は全権委任すべきであります。中途半端に了解して、恣意的にROEを変えたり、政治家が直接指揮したりすることは絶対にしてはいけないと思います。

【質疑応答】

「栗栖問題」はいまも解決していない

織田邦男(元空将) 講演ありがとうございます。一つ付け加えさせてください。それは、1976年(昭和51年)9月、「栗栖事件」が起こる2年前に発生したミグ25亡命事件です。このとき米国からの情報で、ソ連の特殊部隊が急襲してミグを潰すという情報が入ってきました。栗栖さんは東部方面総監だったと思いますが、陸上部隊は初めて武器と弾薬を持って駐屯地を出ました。これは演習を除いては自衛隊で初めてのことです。

私は、1977年小松基地に赴任したわけですが、当時はミグの亡命事件を経験した先輩が大勢いて、直接話を聞きました。それによるとソ連の特殊部隊スペツナズが輸送機で急襲して来るので、函館の50マイル以内に入ったら撃ち落とせと口頭で命令を受けたというんです。

後日、そのときの司令官と酒を飲む機会があり、当時の決心について聞いたことがあるのですが、絶対に教えてくれない。「織田君、それはね、言えないんだよ」と言ってました。まさにこれは超法規的行動ですが、その覚悟がソ連側に漏れ伝わり、抑止につながったといわれています。日本の主権が侵されるとなると、そういうふうに動かざるを得ない。そのときの状況を栗栖さんも知っていたと思うんです。だからミグ25亡命事件が栗栖発言につながっていることを背景として知っておいていただきたい。

河野克俊（元統合幕僚長）　いま改めて、この「栗栖事件」を聞いて、いま一般に言われているのは栗栖発言の結果が有事法制に結びついたという話なんですが、栗栖さんは有事法制のことは言ってはいないのです。栗栖さんが指摘したのは、いわゆる「マイナー自衛権」の話です。

この「マイナー自衛権」という言葉自体はちょっとおかしいんですが、防衛出動が発動になれば、国家としての自衛権になります。この防衛出動下令以前の事態に間隙があり、そこは部隊としての自衛権があるんじゃないかということです。これは国際的に認められているわけです。だって、攻撃しなければやられるわけですから。これは警職法にある個人じゃなくて、部隊として自衛権の行使が、当然できるはずだというのが、「マイナー自衛権」と我々は称していたのです。でも、一般の国際社会では、これは単なる自衛権なんです。

この「マイナー自衛権」を結構議論していたことがあり、我々制服組から問題提起したんですが、絶対に内局が認めなかったですね。いまの憲法第9条からすれば、「マイナー自衛権」なんていうのは、全く認められないということなんです。おそらく、これで今日に至っている。だから、「栗栖問題」というのは、いまも解決していないということなんです。

黒澤聖二（座長補佐） 「マイナー自衛権」を内局は絶対に認めなかったですね。内局に「マイナー自衛権」という言葉を出すと、〝いわゆるマイナー自衛権ですね〟って念押しをされるんです。必ず「いわゆる」を付けて議事録に残るような形にする。そういうことを徹底してやっていましたね。

「栗栖事件」で問題になったのは、ユス・アド・ベラム（Jus ad bellum）の話です。戦争に関する国際法上、大きく分けると、ユス・アド・ベラムとユス・イン・ベロ（Jus in bello）の二つです。開戦、戦争を行なうという時に規律するのがユス・アド・ベラム。そして戦争が始まってから、戦争する国どうしで規律する法律がユス・イン・ベロです。前者のユス・アド・ベラムに関して、いまは自衛権というのが一般的です。ユス・イン・ベロに関しては、ジュネーブ条約やハーグ条約が普遍的に適用されます。

そのユス・アド・ベラム（自衛権）の話の中で、さまざまな形の自衛権の問題が取り上げられたということです。そして、いま河野さんが言われたのは、自衛権の中でも「マイナー自衛権」といって、部隊が持っている自衛権のことです。

つまり現場の指揮官が判断できるものです。要するに国家としての自衛権発動の前に、部隊が小競り合いをしたときに、それは「マイナー自衛権」として認めようじゃないかというのが、アメリカ軍やイギリス軍など普通に軍事活動をしてきた軍隊の常識です。これに対してわが国は認めてこなかった。

河野克俊　だから、栗栖さんはそこを指摘された。

黒澤聖二　その通りです。有事法制というのは、戦争する国どうしの国際法であるユス・イン・ベロの話なのです。当時はそれさえもできていない状況だったのですが……。

河野克俊　だから栗栖さん自身が自分は有事法制のことを言っているんじゃないと。

堀講師　そうです。有事法制の前の話なんです。だから部隊として個人の正当防衛で対処するしかない。

河野克俊　要するに部隊の自衛権じゃなくて、個人の正当防衛として対処する。これは警職法第7条の話なんですよ。これがおかしいということなんです。

それで集団的正当防衛権みたいな話が出る。それこそマイナー自衛権の話です。それを議論しようとするんですが、内局はあくまで個人の判断にしてしまう。ですから、PKOの最初の頃は武器使用について部隊指揮官が言っちゃいけないことになったんです。武器使用は個人で判断するということになったんですね。さすがにそれはおかしいとなって、いまは是正されていますが。

織田邦男 有事法制は国家が有事と認めたとき、すなわち防衛出動下令後の部隊行動なり、国民活動を円滑にするための法律です。つまり政府が武力攻撃事態を認定して、国会が防衛出動を承認したあとの話なんです。いま我々がしている議論は、平時のグレーゾーンです。「マイナー自衛権」も含めてグレーゾーンの話をしている。グレーゾーンのときに自衛隊が円滑に、いわゆる奇襲にも対応できるかというと、警察官職務執行法を準用する以外に法律がないわけです。

河野克俊 そういう面で、いまだにこれは解決されていないんです。おそらく防衛省として、それを認めていない。栗栖発言以後、全く進んでいない。

織田邦男 たとえば尖閣をめぐる問題で、武力攻撃事態が認定される前の段階で、いちばん困るのは航空自衛隊なんです。自衛隊法第84条しかないんです。安倍（晋三）総理も「断固として尖閣を守れ！」と航空自衛隊に言われました。

国際法に従ってやれれば領空侵犯を繰り返す場合は撃ち落とすことができる。でも第84条にはその権限規定がないんです。なぜ権限規定がないのか、いろいろ調べたところ、自衛隊法の策定にたずさわった宮崎（弘毅）さんの論文を読みましたら、領空主権を主張する領空侵犯措置の活動は大部分が公海上空であり、公海上空には日本の法律は適用されない。だから国際法を適用すればいいんだと書いてあるんです。領空侵犯を繰り返し、退去しない場合は撃ち落としてもいいというのが国際法です。2015年、トルコ軍のF‐16戦闘機がロシア空軍のSu‐24戦闘爆撃機を撃墜しました。

では航空自衛隊ができるかというと、国会での答弁で、法律がないものは「自衛隊は1ミリたりとも動かせません」と言っているんです。つまり1ミリたりとも動かそうとする命令を出せないという意味なんです。だから安倍総理が、いくら頑張って全力を尽くして守れと言われても、武器使用ができないのに、どうやって領空侵犯に対処・完結できるのかという話です。まさしくこれはさきほどの「マイナー自衛権」の典型です。下令される前に主権をどうやって守るかということで、最初に始まるのは制空戦闘ですからね。

栗栖さんの言われた「独断専行」

黒澤聖二　軍を統制する栗栖さんが「独断専行」という不可欠の要素があるとして、その大枠としての目的と、その準拠すべきところであるROE（行動規定）を示してほしいと言われました。そして部隊指揮官に裁量権を与えたら、政治家はＲＯＥを滅多に変えてはならないということだと思います。あとは軍人に任せてもらえればありがたいと思うんですが、やはり政治家が口を出しかねない。政治家の皆さんが、ＲＯＥについてよく勉強していただいて、正確に軍をコントロールすべきと私は思います。

ＲＯＥというのは手段であって、目的ではない。でもＲＯＥを与えたら、それで終わりというわけでもない。要するに政治家の責任を放棄してはいけないということです。

ＲＯＥは手段であると言いましたのは、ＲＯＥというのは大きくもできるし、小さくもできます。政治家が軍隊をコントロールする最後の手段となりますので、そこは正確に、慎重にコントロールをしていただくのが正しいやり方だと思っています。

河野克俊　栗栖さんが言われた「独断専行」は、要するに「この範囲でやれ」という裁量権を最初に与えてほしいということですよね。

堀講師　はい。

河野克俊　私の「独断専行」の解釈は、ちょっと違うんです。独断専行って、絶対必要なんです。全く想定していない状況に遭遇したとき、上からの指示を待っていたのでは遅いので、柔軟に対応しなければならない。だから、それは裁量権とか、その範囲とかいうものを超えてもやらなければならない、それが「独断専行」だと思うんです。

私たちが海上自衛隊幹部学校で教わったのは、「独断専行」をやる指揮官はこうあるべきということなんです。要は上級指揮官の意図に沿っているものであり、実施したあとは必ず報告する。これさえクリアできれば、「独断専行」は認められるべきなんです。そうじゃないと、戦況なんていうのは想定しないことばかり起こります。だから裁量権を与えたとしても、それを超えることが出てくるわけです。そこは、栗栖さんの「独断専行」に関する考え方とは、ちょっと違うんですね。

堀講師　栗栖さんも、上官から与えられたミッションを忖度しろということは言われていましたね。もちろん、なんでもやっていいわけではないが、既存のROEを超えることもあるのかもしれない。いま河野さんが言われた「独断専行」は必要かもしれません。

河野克俊　上級指揮官の目的に絶対に合っていると自分が確信できたらあとは実行する。

堀講師　それが本来の「独断専行」と思いますが、せめて裁量権くらいは先に与えておけと、政治家の先生方に言いたいですね。

「文民統制」イコール「文官統制」という誤り

河野克俊　ちょっと話題を変えますが、さきほど参事官会議の話が出てきましたね。この会議は内局の局長クラスがやるものなんです。これが国防の最高意思決定機関なんですよ。これにはいっさい制服組は入っていないんです。もちろん幕僚長も入っていない。

『防衛白書』には日本の文民統制は、国会の統制であるとか、総理大臣って書いてあって、その文民統制の一つの項目に参事官制度を入れていたわけです。参事官制度というのは何なのか？なぜこれが文民統制なんだ、これはおかしいじゃないかということをさんざん言ってきたのに、『防衛白書』を作成するときも、内局は頑として聞かなかった。さすがに時代に抗することができず、ようやく参事官会議を文民統制ではないと認めたのは、最近10年くらいの話です。信じられないかもしれませんが、それが実情なんです。

当時、防衛庁長官は最初にやる大臣で、防衛庁長官でもやっとけという感覚でした。しかも防衛は票にならないし、自衛隊に関心もないとなると、「あいつら何するかわからんから、監視しとけ」と内局に命ずる。それで内局は「文民統制」イコール「文官統制」であるという解釈で統制してきたという流れなんですよ、簡単に言えば。

堀講師　それが文官統制の源流というか原点ですね。GHQが警察予備隊を作り、最初にシビリアン・コントロールと言い出した。本来はシビリアン・スプリマシーで文民優位だったのを米軍の二世通訳が勝手に文民統制という訳にして、日本側に伝えたからです。

もともと文民という言葉は日本語にないものですから、「文民って誰のこと」になる。一般国民なのか、それこそ文官なのか、政治家なのか、よくわからない。少なくとも、軍人ではないことだけはわかる。それが明確ではないからこそ、恣意的に解釈する余地が生まれる。

かつて統帥権で懲りた旧内務官僚や内局の文官がこれ幸いにと文民統制イコール文官統制でいいんだと解釈するわけです。

田久保忠衛（座長）　内局の件ですが、僕が若い頃は、旧内務官僚の海原（治）さんや久保（卓也）さんの時代で、こういう連中対自衛隊の関係なんです。この対立関係がしだいに変化してきて、守屋（武昌）さんとか、西広（整輝）さんの時代にガラッと変わってくるわけです。要するに旧内務官僚から「新しい内務官僚」になるわけです。

当時は、俺は警察だ、おまえらの鉄砲や軍刀を徹底的に叩いてやるぞという、ものすごい憎しみですよ。海原さんなんていうのは、もう凄かった。サーベル（警察）が優先するんだって公言してました。その対立がどういうふうに消えたのか、それとも消えずになんらかの形で残っているのか。

河野克俊　織田さんもそうだと思うんですけど、私が若い頃の内局は、海原さんたちが引退したあとで、守屋さんや西広さんの時代でしたが、やっぱり文官統制ですよ。守屋さんなんかは強烈な文官統制だったですね。世代が変わり、いまの内局の人たちになると、さすがに文官統制ということは恥ずかしくて言えないような状況になってきていると思うんです。私の感覚では、守屋さんから金沢（博範）さんくらいまでは文官統制で、西（正典）次官や黒江（哲郎）さんになって、だいぶ変わってきた。だから世代だと思います。

ROEに対する認識が間違っている

織田邦男　ROE（行動規定）の話に戻りますが、私が現役のとき、政治家に航空自衛隊の対領空侵犯措置のROEを作れと言われました。ROEは、基本的に有事、国際法で禁止されていること以外、何をやってもいいというネガティブ・リストの状態で、政治が制約を示すものです。対領空侵犯措置における権限は、自衛隊法策定当時はネガティブ・リストの考え方だったわけですが、現在はポジティブ・リストの考え方になり、警察官職務執行法の準用ですでに縛られているので、ROEの策定自体が意味がない。

栗栖さんが言われたのは、防衛出動下令後の武器使用まで、あるべき明確な行動基準としてのROEを政治が示すべきであるという意味です。でも防衛出動下令前の、いわゆる警職法しか使えないのを段階に分けてROEを作れというのは意味がないのです。

だから、陸上自衛隊がPKO派遣時にROEを作りました。暴漢に襲われたら、まず上に向けて撃ちなさい、次は下に向けて撃ちなさい。それでも自分を守らなければならないときは、相手の急所を外したところを撃ちなさい。こういうのをわざわざROEで決めて、「ああ、ROEができたから、いいんだ」なんて言ってますけど、根本的な点で、栗栖さんが言うのとは違うんです。いわゆる警察権行使から自衛権行使まで、その間をどのように埋めるのかというのを決めなきゃいけない。それが本当のROEです。

政治情勢とリンクした段階を定め、それぞれの段階で何をどこまでできるかを定めておき、政治が「いまのレベルは4段階です」「3段階です」と決めるということです。武力攻撃事態を認定して防衛出動が下令されたら、その時点で自衛隊は軍隊になるわけです。いわゆる、アームド・フォースの権限を認められる。だから、そこからのROEを本当は決めなきゃいけないんですが、全くないんです、それでいて、本来必要のない警職法の中の武器使用に関して、事細かく決めようとしている。これは意味がないので、策定しませんでしたが、軍事を知らない政治家がこういうことを要求してくる傾向にある。それはROEに対する認識が間違っているのです。

河野克俊　日本のROEって、まがい物なんです。要は本当のROEはネガティブ・リストですが、日本はポジティブ・リストの話になっています。

要するに各国の軍隊は、国を守るために行動するが、政治的に許容できないことがあるから、ROEというのを作る。やっちゃいけないことをあらかじめ決めるわけです。

日本の場合、これとあれはしてもいいというポジティブ・リストの上にROEを作ろうとするので、なんとか頭をひねって、ヘンなROEを作り出すわけです。この根本の原因は、自衛隊が警察の延長線上にあるということなんです。

堀講師　軍隊であれば国際法ないし慣例に従ってやればいいわけで、その中で、それぞれの国が置かれている特殊性というのがあるので、それに応じた行動基準を決めておけということなんです。普通は、ネガティブ・リストで書かれている。

河野克俊　それがROE。

堀講師　たぶん栗栖さんの時代、ROEと言っても、誰がわかっているかという感じじゃないでしょうか、とくに政治家の先生なんかはね。

黒澤聖二　おそらく栗栖さんの時代には、そういう概念は一般化されていなかったと思います。で、1970年代後半から80年代にかけて、ROEはアメリカで盛んに研究されました。実際、私も若い頃からＲＯＥを研究して、演習のために使う実験的なものは検討しておりました。いずれも、国内的制約および国際の法規慣例の範囲の中で軍事力を制限する仕組みで、演習で使い慣れていなければ、実際には使い物にならないわけです。

一つ言わせていただくと、防衛出動下令で戦争になってもＲＯＥは必要です。

河野克俊　そうです。

黒澤聖二　各軍隊がそれぞれＲＯＥを持っていて、そこでコントロールしなければいけない。さきほど日本はがんじがらめの状態と言われましたが、軍種によって、その受け取り方は違っていて、ＲＯＥの与え方も違うというところは理解いただければと思います。

歩兵が基本の陸と、戦闘機対戦闘機の空と、艦対艦の海というように、それぞれのアセットが違うんです。だからそのＲＯＥの示し方も変わってくるんです。

堀講師　１９４８年（昭和23年）くらいに作られた警職法をいまだに準用しているわけです。自衛隊がいまだに疑似軍事組織と言われるのは、個人の正当防衛でしか対応できないということに尽きると思います。他国の軍隊のように、基本は国際法と国際慣例に基づいて行動してほしいわけです。栗栖さんの言いたかったことは、そうなるように政治は法整備を努力してくれということだったと思います。

国を守る最後の砦が軍隊

冨山泰（国基研企画委員）　一つ質問です。講演後段の本来あるべき政軍関係のところで、総理大臣と統幕議長は同等であると言われましたが、これはどういう意味なんでしょうか？　最後は政治決定が優先されるのであれば、当然、総理大臣のほうが格上だと思いたくなりますが、この同格というのはどういうことですか？

堀講師　国家経綸、つまり国家運営は国務と軍事が両輪で、国家の最大の目的は独立の維持と発展です。そして国を守る最後の砦が軍隊となります。政治指導者が最高指揮官であることは間違いないのですが、軍の統帥はそんなに簡単なことではありません。ある意味、軍自身が「国家内国家」という本質を内在しているので、政治との対峙は常に不可避となります。それでも、その違いを超えて両者は互いに協調、協力しなければならない。それには政治の側の軍事に対する理解や知見が前提となります。

極論ですが、軍が存在しなければ国家は存在し得ないが、政治が存在しなくても軍が代行することは可能です。同格という言葉は誤解を招く表現かもしれませんが、軍が本来有する自立性や自律性を強調したかったので、あえてそういう表現をしました。当然、最終的には政治が優先するけれども、政治の立場と軍の立場は、基本的に同じウェイトであるという意味です。

太田文雄（元防衛庁情報本部長）　栗栖さんの言いたかったことは、自衛官に国際基準の「軍人」としての地位、役割を付与せよということだと思います。講演では触れていませんでしたが、栗栖さんは認証官制度についても発言されていました。いまは統幕長の地位はかなり高くなりましたが、当時は全く認知されませんでした。

もう一つ、栗栖さんはフランスで武官をやっていましたよね。各国の軍人が武官になった場合、そこで掴んだ情報は軍の情報機関に行くんです。ところが、日本の場合は、外務省経由じゃないと防衛省に行かないんです。同時に防衛省にもファックスを送らせてくれと何回も申し込んだのですが、結局駄目で、外務省経由で防衛省に届くものですから、二、三日、ひどい時には1週間遅れて防衛省に届く。まさにものの役に立たないというわけで、武官であれば情報本部に直接情報が届くようにしてもらわないと困ります。

さらに言わせてもらえば、秘区分というものがあります。「秘区分なし」「注意」「秘」「極秘」と分かれていて、その上に「限定配布」というのがあって、それになったら、もう絶対に防衛省に来ないんです。極めて機微な情報を上げる場合、外務省の政務班長が限定配布にすると言えば、もう最後、防衛省にその情報は行かない。こういう状況がいまも続いています。文民統制の問題だけでなく、こうした理不尽なところも修正しなきゃいけないと思います。

織田邦男　自衛官に国際基準の軍人としての地位の役割を付与せよと言うと、みんな、そうだ、そうだと言うんですが、これを否定しているのは、ほかならぬ岸田（文雄）首相です。岸田さんが外務大臣のときに何て言ったか。ＰＫＯで自衛官が拉致されても捕虜になれませんと答弁しているんです。

どういうことかと言うと、ＰＫＯでは自衛隊は武力行使しない。交戦しない部隊である、つまり自衛官は軍人じゃないわけです。軍人じゃないから捕虜になれないという理屈です。じゃあ、そのＰＫＯで韓国、あるいはオーストラリアの軍人は、捕虜になれないのかというと、なれるわけです。

彼らは攻撃されたときに武力行使をするかもしれないと留保しているからです。自衛隊の場合、PKO派遣で、絶対に武力行使しませんということなんですよ。国際基準の軍人としての地位、役割を否定しているのが、いまの首相なのです。

2013年に策定された国家安全保障戦略では、国際協調主義に基づく積極的平和主義をもって国際協力には積極的に参加しましょうということだったわけです。南スーダンに派遣したものの、再び内戦状態になり、これはまずいと思って、引き上げざるを得なかった。自衛権じゃなくて、正当防衛を超える紛争に巻き込まれる恐れがあるから引き上げる。これ以降、PKOに参加していません。現在、自衛官は4名ですかね、司令部には派遣していますが、いわゆる部隊としては派遣していない。

国連のPKOの任務が変わってきたんです。ルワンダ難民90万人虐殺以降、国連難民高等弁務官の緒方貞子さんなんかも軍は国連の職員を守るべきだと言っています。それを突き詰めていくと、自衛隊がほんとの軍隊になっちゃうんですよ。だから自衛隊としては派遣できなくなる。じゃあ、本当に国際協力の看板を下ろすのかということになるのですが、2022年12月に決定される国家安全保障戦略の国際協力の部分が見ものだなと思っています（「要員派遣や能力構築支援の戦略的活用を含む多様な協力について引き続き積極的に取り組んでいく」とされた）。

自衛隊法に欠陥があれば、国際法を適用できる

宮川眞喜雄（元マレーシア大使、前国家安全保障参与）「政軍関係」は、これまであまり踏み込んだことがなかった分野なので、大いに勉強になりました。さきほど太田さんが言われた「限定配布」の件ですが、心の痛むご指摘です。ただ近年、省庁間の協力協調関係は徐々に改善してきていると思います。

本日の課題ですが、第一に、国際法と国内法の観点から私の承知していることを申し上げます。自衛隊法のこれからの進展に何らかの方向性が出るといいと思います。黒澤さんがユス・アド・ベラムとユス・イン・ベロの話をされましたね。ユスはlaw、アドはbeforeで、ベラムはwarです。「ユス・アド・ベラム」は、戦争を開始する前段階を規律する法規範です。つまり交戦関係に入ることの態様を規律するルールです。ちなみに、「ユス・イン・ベロ」というこれに類似の用語があります。戦時国際法という意味であり、国家が交戦関係に入ると、交戦国間にはこの戦時国際法規が適用になります。「戦争の最中の法規範」であり、戦争開始後の交戦国間の関係や行動を規律する国際法です。現在ではジュネーブ４条約が中心です。

話を戻して「ユス・アド・ベラム」は、相手国からの武力攻撃が行なわれる場合など、どのような事態に至ったときに当方からの武力行使の開始が正当化されるか、その法的妥当性に関するルールです。国際社会で集団的安全保障体制が整備され、武力行使が違法化された戦後の国際法体系の下では、ユス・アド・ベラムが問題となるのは、武力攻撃を受けた際などの自衛権行使についての議論に限定される傾向があります。戦後の日本の大学では、武力攻撃はそもそも違法であり、あってはならない事象であるという理由で、それを前提にした議論はすべきでない、といった「理想論」の広がるなかで、ユス・アド・ベラムは国際法の講義では十分教えられず、知られていないところがあります。

自衛隊法第76条には防衛出動の対象となる事態が規定され、数年前の平和法制作成の折に個別自衛権に加え集団的自衛権に基づく防衛出動についても追加規定されたことはご承知の通りです。しかしながら、前線でわが方の戦闘機や艦船が遭遇する事態に対しいかに対処するかという本日提示されたROE（Rules of Engagement）のような実際的課題については、各国軍には国際慣習法に従った国内法が存在するのが普通です。たとえ明文国内法がなくても国際法を直接適用する形で内規が定められ、確立しているのが通常だと思います。わが国では先ほど述べたように大学などでの事情に類似した傾向の中で、自衛隊の前線の方々にはご苦労があるのであろうと思います。

前線での裁量権の問題については、現実の場面における対応に関しては、たとえば旧軍ではどうだったか、米軍などほかの諸国の軍規律はどのように定められているのか、小生は詳細を承知しませんが、国際社会ではＲＯＥとしてルール化されていると思います。それを研究して自衛隊の関連法規に詳細を取り入れて行くようなプロセスが、過去にも整備されてきたのではないでしょうか。また今後もわが国周辺での緊迫度の高まる現状を踏まえ、さらに整備される必要があるのではないかと感じます。

なお、国際法を国内的に実施する上で、特に個人の権利義務や財政出動の必要性から、国際法に従った国内法を制定する実例が増加する昨今ですが、法理論的には国際法は必ずしも国内法がなくても直接適用されることが認められています。たとえば公海上における海賊行為を取り締まる国家の権限については、わが国では２００９年に、いわゆる海賊対処法ができましたが、それまでは国連海洋法条約（さらにそれ以前は公海条約）に成文化された国際慣習法が直接適用されていたと解釈されていました。

なお、文官か文民かという問題ですが、確か文民という言葉は憲法の条文にありましたよね。内閣総理大臣は文民でなければならないという規定があったと記憶します。よって文民という語は、日本の法体系の中に存在しますが、文官という表現はどうでしょうか。防衛庁の参事官会議が最高意思決定機関だったというご説明でしたが、そのことは何らかの省内の文書に書かれているのですか。

堀講師　防衛庁設置法第16条「官房長及び局長はその所掌事務」として「長官を補佐する」というところの拡大解釈です。その「所掌事務」というのが、軍令事項を含む三自衛隊全般の管理監督ということで、参事官でないと官房長、局長になれないわけです。

河野克俊　いまは改正されてなくなりました。

宮川眞喜雄　前線での裁量権の件ですが、自衛隊の方々ほどの強い切迫感はなくても、外交の場面でも本国を遠く離れているだけに、現地で裁量を働かせて対応させられる場面に我々は何度も直面します。海外でわが国に対する批判的言辞がなされた折など、本国に対応を照会する時間的余裕のないとき、その場で自ら判断して対応することを迫られます。内容如何ですが、瞬時にインパクトのある反論をしないと、反論の効果がなくなる場合など、現地限りで断行せざるを得ないことがあります。そうした事態を想像すれば、前線の自衛官には、はるかに高い緊張感の中で判断を求められる機会が、これからさらに増えるだろうと想像します。そうしたときのためには、確固とした対処方針が作成され、共有され、訓練されているべきでしょうね。そのときに参考になるのは、米国や欧州主要諸国の実例や慣行が相当程度参考になるのだろうと思います。

織田邦男　さきほどの国際法と自衛隊法との関係ですが、航空自衛隊が平時でも対領空侵犯措置で悩むところなんです。第84条の対領空侵犯措置だけ権限規定がないんです。つまり、それを抜いたのは、国際法でやればいいということで、自衛隊法を作ったときの趣旨はそうだったと宮崎さんの論文に書かれています。

この対領空侵犯措置の権限規定は、国会でも議論になりました。佐々淳行さんが初代の内閣官房安全保障室長のときで、「対領空侵犯措置の権限規定は第84条にあります。任務規定の中に入っています」と言ったんです。確かに、そういう見方もあるけれども、我々としては悩ましいところもあるという感じで、私は論文に書いたんです。そうしたら、ある裁判所の判事さんがそれを読んで、「織田さん、司令官になっても絶対撃墜を命令したら駄目ですよ。任務規定に権限規定が入っているという考えでは、裁判所を納得させることはできません」と言われました。

まあ、そういう事態がなかったからよかったものの、これから中国がどんどん先鋭化してきて、尖閣を蹂躙するということはあり得ます。政治が自衛隊が断固として守るんだと言っても、航空自衛官、とくにパイロットとしては「断固として守る？　手段がないのにどうするんだよ」と、心では思っているんです。

だから自衛隊に権限と手段を与えて、明確にしていかねばならない。「国際法に従ってやればいい。だから断固として守れ」ということであれば我々は納得します。そこを曖昧にしたまま言われても、現場は本当に悩んでしまいます。

この問題は、これから出てきますよ。中国がどんどん領空侵犯をやってくるようになるでしょうから、そのときに「自衛隊は何やっているんだ？」というふうに国民に言われるんでしょうね。そうならないように祈るだけなんですが、やっぱり法的な枠組みを決めてやらなきゃいけない。

一時期、権限規定の自民党案が出てきたことがあったんです。冷戦時代の１９８７年12月９日、沖縄の上空をロシアのＴｕ-16偵察機が領空侵犯し、Ｆ-４ＥＪ戦闘機２機がスクランブルして、司令官は決められた通り、警告射撃を命じたんですね。それが自衛隊史上初めての警告射撃です。その後、権限規定がないのはよろしくないという議論があり、法律案も出来上がりましたが、当時の社会党との国会対策で消えてしまいました。

裁判所の判事から「それでは裁判所を納得させることはできません」「総理大臣から撃てと言われて撃ってもパイロットは刑事訴追を受けますよ」となんて言われたら、司令官は撃てとは言えないですよ、本当に。

いまも続く自衛官外し

黒澤聖二　栗栖さんが指摘された法的不備という部分なんですが、私も確かにその通りだと思います。前にも議論になりましたが、平時に自衛隊が武器を使用する場合の権限規定は「自衛官が」というように主語が自衛隊員個人になっています。これは警察官職務執行法の中の武器使用権限の規定をそのまま準用しているんです。警察官が職務を執行するときは、警察官個人でいいわけなんですが、自衛隊は部隊で行動します。

2022年11月に日米豪の海軍が共同訓練をやりました。その訓練で、自衛隊が初めて武器等防護のための武器使用で、オーストラリア艦艇を防護するという任務を与えられて訓練を実施したと報じられていますけれど、それは平時の仕事としてすでにやっているわけです。

平時に自衛官個人の資格で武器使用権限を行使するというのは、非常に矛盾があって、艦船が火砲を撃つとき、兵士が勝手に撃てるわけはなく、艦長が「撃ち方、始め」と言ってはじめて撃てるという、子どもでもわかるようなことを無視する権限規定の仕方自体がすでに破綻していると感じています。そのあたりどうですか？

堀講師　その通りです。個人の判断での正当防衛では、任務が遂行できないのは素人でもわかることです。それでは軍隊組織が成り立たない。組織的な行動や運用ができなければ、それは単なる個人の集合体であり、烏合の衆です。作戦そのものが機能しません。

栗栖さんの時代は、警察との関係で言えば、国内では警察のほうが上部組織のような感じで運用されているから、急迫不正の侵入があった場合でも、まず警察の対処が前提となる。実際、1976年のベレンコ中尉によるミグ25亡命事件のときも、着陸後は警察が対応しているわけです。それで駄目なときは自衛隊となる。また平時であれば戦車の道路使用許可や制限速度などは既存の道交法を優先せざるを得ないわけです。

栗栖事件で一つ付け加えるとすると、ほかの制服組からの応援というか積極的な擁護があまりなかったという印象です。現役の幕僚長などの発言は皆無でした。やはり内局への遠慮というか、忖度が働いたのかもしれません。栗栖さんの二代あとに統幕長になられた竹田五郎さんも「防衛費

ＧＮＰ１パーセント枠」と「徴兵制を違憲とする政府見解」に異を唱え、国会が紛糾し、自ら責任をとる形で退官されました。

河野克俊　わが国では、徴兵というのは苦役なんだ。

堀講師　そうなんです。安倍首相も言っておられたと思うんですが、徴兵制ができないのは、苦役であり奴隷労働と等しいからです。ですが、志願であろうが、徴兵であろうが、みな同じ仕事をしているわけです。同じ国防の任務に就いていることには変わりはない。

それじゃ、自衛官はみな奴隷労働をやっていることになる。国防に就いている人々の働きが苦役であるというような解釈をしている国は日本だけです。これは自衛官に対する冒瀆ですよ。

余談ですが、海原天皇といわれて、防衛庁を牛耳っていた海原治さんが国防会議事務局長のとき、中曽根康弘さんは内務省入省が海原さんより二期くらい遅いので後輩なんですが、国防会議事務局長というのはお茶汲みと同じなんだ。お前はもう出てくるなと一喝したことがあったという。また、海原じゃなくて、「陸原」って言わるるほど陸自を重視していた。海原さんの『日本列島守備隊論』（１９７３年）には自衛隊は沿岸を守れば十分なんだ、シーレーン防衛なんかやろうと思ってはいけないし、できるわけもないだろうと書いてあるんです。

最近、自衛隊には継戦能力がない、弾薬がないということがよく言われてますが、海原さんは50年前に言ってましたね。1968年（昭和43年）当時、陸自で約7万トンの弾薬を持っていたそうです。

衆議院の予算委員会で、7万トンでどのくらい戦えるのかという議論があって、だいたい1か月程度を目途にしておりますという回答したそうです。

海原さんによれば、1か月なんか戦えない、1週間どころか、下手すりゃ、1日も戦えないかもしれないと言っているんです。たとえば機関銃1挺あたり1か月に使用できる弾というのは、5400発くらいしかなくて、1分間に500発撃つと、11分で終わっちゃうんです。

要はこちらの都合でしか考えていないんですよ。講演の中で申し上げた急迫不正の侵攻、侵略というのも同じで、こちらの都合で1か所しか想定していないのです。私も委員をしている「陸上自衛隊フォーラム」というのがあって、そこでいろいろ議論するんですが、想定は東北あたりの1か所に敵が不正侵入して、それに対して自衛隊が出て行って対処する。それも3、4日くらいは防戦して、あとはアメリカ軍の来援を待つというシナリオなんです。複数から侵入があったらどうするのというと、そういうことは想定してない。もうその時点でお手上げなんです。

海原さんは「戦力は人と弾薬の相乗積」であるという考えで、弾薬の供給というものを重視していました。だから北海道に弾薬や弾薬工場を集めたわけです。それは、当然ながら対ソ連対策が優先されたからです。いまの問題は南西諸島ですよね。そちらに弾薬を持って行かなきゃいけない。実は50年前と同じ議論なんです。

栗栖さんに直接お聞きした話ですが、たとえ防衛出動が下令されても、自衛隊自身が弾をどこかに取りに行って持って来なければならない。だから、防衛出動下令になっても、すぐには動けないんだと。そういう現実は、おそらくいまも同じではないかと思うんですが。

織田邦男　まさに権限規定が自衛隊の性格を表わしていると思います。権限規定では、防衛出動下令前に「自衛官は」「何々ができる」なんです。警職法が準用されているからです。ただ「自衛隊の部隊は」という主語があるのが二つあるんですね。一つは防衛出動。防衛出動が下令されたら自衛隊は軍隊になるということです。もう一つは、これよく法制局で通ったなと思うんですけど、「弾道ミサイルに対する破壊措置」です。これは平時において、自衛権行使ができるという意味ではなく、「自衛隊の部隊」は落ちてくるものに対し破壊措置がとれるということです。これは自衛権行使ではなく、自然権であると。自然権、つまり自分を守るための行動だから、「自衛隊の部隊は」でいいという説明を受けましたが、わかったような、わからない話でした。

もう一つ、「栗栖事件」のとき、なんでこうなんだと思ったことがあります。それは制度的に制服組を関与させないシステムで、まだ残滓があるんじゃないかと思います。たとえば今回の「国力としての防衛力を総合的に考える有識者会議」です。なぜ自衛官および自衛官OBが一人もいないのか。SNSで指摘したら、慌てて元統合幕僚長の折木良一さんにブリーフィングさせたりしました。防衛費をどこから捻出するかみたいな話だから自衛官あるいはOBが答えるようなものではないということかと思いましたが、今回の内容を見たら、宇宙、サイバー、電磁波とあり、反撃力はどうのこうのって言っているわけです。自衛官や自衛官OBに話を聞かなくてどうするのか、わかってるんですかと聞きたいですね（2023年8月に提言されたハラスメント防止に関する有識者会議にも自衛官OBは参加していない）。

このような自衛官外しは、軍人はいつか暴走するだろう、できるだけ制服組に関与させないという残滓がまざまざとあるというふうに思いますね。

だからこれがなくならない限りは成熟したシビリアン・コントロールはできません。シビリアンがコントロールするためには、政治が軍についても理解ができることが前提です。軍事の機微が理解できなければ、シビリアン・コントロールなんてできない。

黒澤聖二　私もその通りだと思っていて、そこは自衛官がほんとの軍人にならなければ、成熟した政軍関係はできないのかなというふうに思いました。

卑近な話ですが、30年くらい前にアメリカに行ったとき、観光地で軍人割引きというサービスがあって、自衛官だから軍人だし、自衛官の身分証明書を英訳したのを見せたんです。そうしたら、「これは何だ。セルフ・ディフェンス・フォース？」と言われて、歯牙にもかけてもらえず、仕方なく正規の金額で入場しました。

そこへ行くと海上保安庁は「ジャパン・コースト・ガード」と言って堂々としているわけです。私は非常に憤懣やるかたなくて、英語表記だけでも「ジャパン・ネイビー」にしていただきたいなと思いつつも、やはりそこはしっかりとした地位獲得というのは必要なのかなと思いました。

今回が「政軍関係」研究会の最後となります。ここで、いまお見えになられた木原議員にお話を伺えればと思います。

憲法の自衛隊明記について

木原稔（衆議院議員）　今日は自分の講演があったもので、遅くなりました。さきほど織田さんが有識者会議について話されましたが、今日そのまとめが発表され、自民党、公明党議員がそれぞれ官邸に呼ばれました。織田さんが批判されたように、軍事の専門家が入っていない、財政の専門家も入っているわけじゃない。佐々江（賢一郎）さんみたいな人はいらっしゃったけれど、これはあくまでも参考意見だという意見がでました。

私もＲＯＥ（行動規定）についてはちゃんとやったほうがいいと思います。その一方で、現場では想定外のこと、思わぬことが発生するんだろうなというのは想像できます。ＲＯＥがあり、その基準に則れば、ある程度の裁量権が与えられて、行動ができるということだと思います。それで、自衛隊法はじめ関係法令がネガティブ・リストに作り直せるかどうかということですが、政治の力でなんとかしなきゃいけないことだと思っています。このＲＯＥとネガティブ・リストとの関係について、もう少し詳しくご説明いただけますでしょうか。

織田邦男　本来のＲＯＥというのは、警察権行使から自衛権行使までがシームレスになっていることで、それを政治がコントロールするということです。いまのように武器使用基準が、武力攻撃事態認定から防衛出動下令までさまざまな壁があるなかで、さらに細かく政治がマイクロ・マネージメントするものであれば、むしろ作らないほうがいいと思います。

いま戦争がリアルになってきました。防衛出動なんて下令できないだろうというのが、私が現役時代の正直な感想ですが、実は防衛出動が下令されたあとの制約は何もないんですよ。これもシビリアン・コントロール上おかしい。たとえばアメリカならデフコン（ディフェンス・コンディション）というのがあります。デフコン1から5まであって、その段階は政治が決めるんですが、キューバ危機では、デフコン2までいきました。デフコン2のときは、軍はどこまでやっていいのか、あるいは他省庁は何をやるべきかというのが事細かく決められているんです。

防衛出動が下令され、あるいは存立危機事態で、アメリカと一緒に戦うようになったときに、ROEがないというのは、民主主義国家としてはおかしいと思います。それでは政治がコントロールする術がなくなるということです。いくら総理と統幕長が意思疎通をやって確認し合っても、もう大変なことになるのではないか。

冒頭、申し上げましたように、「栗栖発言」は、その2年前に起こったミグ25亡命事件から来ているんです。そのミグ25亡命事件の教訓が全く得られていなかったということが、最大の不幸だと思います。

繰り返しになりますが、そのとき千歳で警戒待機についていた先輩は、司令官から突然、電話がかかってきて、50マイル以内に不明機が近づいたら撃ち落とせと言われた。そのときミサイルを撃ったら、誰が責任をとるんだという議論になったそうです。防衛出動下令前であれば司法的にはパイロットの責任です。司令官が、いくら責任をとろうとしてもとれないわけです。

こういう状況は繰り返してはならないと思います。来年以降、本当に戦争が起こるかもしれない。憲法改正しなきゃできないのかも知れませんが、ここは政治に踏ん張ってもらって、ミサイルを撃つ、トリガーを引く人が刑事訴追を受けないように知恵を絞ってもらいたい。

黒澤聖二　ネガ・ポジの話ですが、平時の防衛法体系の中では、いろいろなポジ規定を重ねていって、屋上屋を重ねすぎてしまって、そこにROEに落とし込むとなると、相当の分量になるでしょうね。

一般論でいうと、それぞれの任務ごと、ミッションごとにROEを決めていくんですが、これをやっていい、あれをやっていいということを、すべてリスト・アップをして、任務ごとに指揮官が判断して、申請を上げて、さらに上級の指揮官が許可して、それが下に示されるというシステムをとっているんですが、それがあまりにも煩雑で時間のロスになるわけです。

さきほど織田さんが言われたように、平時であれば、まだ間に合うでしょうが、グレーゾーンの事態や有事になれば、時間との勝負になるので、速やかに判断できることが必要です。したがって、命令はごくシンプルに与えるというのが軍隊の常道です。これだけはやってはいけないというネガティブ・リストであればそれが可能です。いまある防衛法制はいったん白紙にして、新しく考え直したほうがいいだろうと思っています。

杉田水脈（衆議院議員） 今日はありがとうございました。一つ付け加えさせていただくと、軍人としての地位というのが、家族の方に対しても必要なことなんじゃないかなと考えておるところです。

憲法に自衛隊を明記するだけではなくて、国軍であるとか、国防軍であるという位置づけが必要になってくると思いますが、これまでのお話を聞いていて、ネガティブ・リストのＲＯＥを早く作ることも重要で、いま日本は本当に緊迫している状況にあると思っています。

先日、自民党の中の自衛隊に関する勉強会で、いくら予算が積めて、戦闘機をたくさん買ったり、潜水艦を配備できても、戦闘機は自衛隊基地か米軍基地にしか降りられないです。有事に民間空港に着陸して、ちゃんと燃料が積める体制を整えるべきです。海においても同じで、武器を積んだ船は寄港できませんと一般の港がやっている限りは、日本の防衛なんかできません。

民間空港に不時着しただけで大騒ぎになっている日本で、本当に防衛ができるのかという問題提起をされて、私もブログに書いたんですが、そこをなんとか打ち勝っていかないといけないと思っています。

いまの日本の民意というのは声の大きな人に引きずられている民意だと思うんですけれども、そこを政治が変えなければいけない。まさに声の大きな人に引きずられている民意との戦いなんじゃないかと、常日頃、思っておるところでございます。

太田文雄　自衛隊が民間の港湾や空港を使えないという話ですが、県に任せていたら駄目です。先島諸島の民間空港が使えるか、使えないかで、ものすごく戦力は違ってきます、沖縄県は自衛隊に使用させせないと言ってますが、そこはやはり国がコントロールすべきものです。

実際、南西諸島で日米共同訓練をやっていますが、自衛艦が入港しようとしても、岸壁が空いているにもかかわらず、沖縄県は「空いてません」「作業員いませんから、着岸できません」と断るんですよ。ひどい話です。

河野克俊　憲法の自衛隊明記の件ですが、これは安倍総理が言われたんですね。総理もこれが絶対にベストだと思っておられなかったと思うんです。公明党の賛同も得る必要があり、現実問題として選択されたと思います。安倍さんは、本当に超現実主義者ですからね。

私も、これから何十年も待つより、国民が憲法改正できるという意味で、自衛隊明記はその第一歩と思っていたんです。ですが、自衛隊が明記されても自衛隊法はそのまま残るわけで、ネガティブ・リストの問題は解決しないわけですよ。自衛隊を国防軍とか、自衛軍にすれば、自衛隊法は自動的に失効するので、あらためて国防軍法なり自衛軍法を作ることができます。

織田邦男　私も超党派の憲法の会に呼ばれて話をしたんですが、安倍さんの提起された憲法改正案、もうあれしかできないだろうと発言したのに対して、ある議員が「おかしいじゃないか。元自衛官がそんなんでいいのか」みたいなことを言ったので、「憲法第9条第2項の削除がいまの政治情勢でできると思いますか」と反論すると、シーンとしちゃうんですよね。

今日のような話は実際問題として一般人になかなか通用しないと思っています。連立を組む公明党なんかも全然受け入れてくれない。だから憲法を変えるという実績を作ることが重要だと思うんです。これまで変えてないから、ハードルが高いのであって、とりあえず自衛隊明記をやり、第二弾として第2項削除で国軍保持とやればいいと思っています。

黒澤聖二　みなさまありがとうございました。最後に座長と理事長に総括をお願いしたいと思います。

田久保忠衛　長期にわたる「政軍関係」研究会にご協力をいただきましてありがとうございました。今回で政軍研究会は最終回になりますが、いずれこの成果は書籍の形としてまとめたいと思っています。長い間、大変ありがとうございました。

櫻井よしこ　今回「栗栖事件」を再検討してきたわけですが、いま考えても、栗栖統幕議長は全く正しいことを言っていたことが明確になりました。当時の朝日新聞は「文民統制に反する」として問題をすり替えてずいぶんひどいことを書いていましたけれど、今の朝日新聞ならどう書くか、と思いながら聞いていました。

そして、この研究会で行なわれた議論を国民一般に広く伝えることが何よりも大事だと思いました。

防衛問題に関して講演会で話をすると、国民の方々のほうがはるかにわかっているんです。これはもう驚くくらいです。憲法改正についても、その場、その場でアンケートして、手を上げてくださいと言うと、私たちと同じ考えの人たちが圧倒的に多いです。

国会における力学で、公明党が反対するから、立憲民主党が文句を言うからといったことで前に進めない状況があるんですが、国民意識のほうがはるかに前に行っていると思います。ですから、この「政軍関係」研究会の成果が、なるべくわかりやすい形でまとめて、それこそベストセラーになるくらいの本にできたらその影響力は計り知れないと思います。

心ある人は、みな読んで、賛同してくれると確信しています。どうもありがとうございました。

（２０２２年11月22日）

【まとめ】「栗栖事件」再考

「栗栖事件」(1)は自衛隊創設以来、現役自衛官それも最高幹部の発言として、最大級の衝撃を与えたものであった。当時は東西冷戦の真っただ中で、わが国も西側陣営の一員として対ソ戦略の一翼を担っていた。自衛隊部隊は北海道に集中して展開していたが、対する極東ソ連軍も戦力を増強、択捉島で演習まで実施し緊張が続いていた。ソ連の北海道侵攻阻止は自衛隊にとっていちばんの課題であった。

このような状況下、「栗栖事件」の前に重大な事件が北海道で発生していた。ソ連防空軍のヴィクトル・ベレンコ中尉が演習中にミグ25戦闘機でわが国の領空を侵犯して、函館空港に単独着陸したのである。[2]亡命の嘆願であった。他国であれば撃墜されていた可能性もあるこの事件は、わが国の防空能力の脆弱性と警告射撃の一発も撃てないという法的不備を白日の下にさらしてしまった。

わが国においては自衛隊に防衛出動が下令されない限り、相手が軍隊であっても警察が主体となって対処するしかないということが改めて明確になった。警察官は警察官職務執行法第七条で、[3]「正当防衛」による防護は可能であるが、これは個人レベルの話である。これを自衛隊が準用しているので、警告射撃すら「過剰防衛」となることもあるし、まして敵を殺害すれば「殺人罪」になることもあるわけだ。

現在、わが国に軍事法廷は存在しない。だから、有事以外は自衛官も須らく軍人ではなくシビリアン（文民）として裁かれるのが原則である。本来、軍人は国際法と国際慣例に従って行動すればいい。加えて各国独自の行動規範（ROE）[4]を政治とともに考慮しており、より詳細なレギュレーションを策定しているのが通常である。

栗栖氏の発言の真意も、防衛出動下令前の平時やいわゆるグレーゾーンにおける部隊行動の規範がないので、それを政治に整備してくれということであった。

わが国で不測の急迫不正の侵害があった場合、自衛隊は治安出動や防衛出動が下令されない限り動くことはできない。敵の蹂躙が明確であっても弾一発撃てないわけだ。自衛隊は逃げるか、もしくは座して死を待つしかない。

栗栖氏はこのような状況を回避するためにも、実際に事件が発生すれば現地部隊は「事実行為が先行せざるを得ない」[5]ので、国民防護と自軍防衛のために「超法規的」に応戦せざるを得ないだろうと発言したのである。これを政治やマスコミは最高幹部自衛官の「暴走発言」と取り上げ、「文民統制」を乱す、もしくは否定するものとして最大級の非難をした。

結局、栗栖氏は金丸防衛庁長官に実質的に馘首（かくしゅ）され、事件は決着した。だが当時の政治やマスコミは、どれだけ氏の意図を理解していたのだろうか。氏は、政治への反逆や反抗などは毛頭考えておらず、むしろそれを尊重していたのである。まして軍の「暴走」などということは微塵も考えておらず、常に法令遵守であった。

栗栖氏が一貫して訴えたのは、防衛二法とその法的不備を政治が修正して、自衛隊という実力組織を平時から有事まで切れ目なく活用できるようにしてくれということである。それを主導するのが政治の役割であり、政治統制の本義という考えであった。いまから考えると、これは要望以上の悲痛な叫びにも聞こえる。

栗栖氏のもう一つの主張は、当時の防衛庁内局と自衛官との関係である。当時から「文民統制」ならぬ「文官統制」と言われて久しかったが、常に自衛官への管理監督者として官僚（文官）が抑えているという構造である。軍令組織が軍政組織の下部構造として存在することで、軍が本来有する自立性と自律性は著しく損なわれていた。それゆえに、氏は軍（自衛隊）の本質的価値として「独断専行」[6]の重要性というものを強く主張していたのである。

いまも自衛隊は、栗栖氏の時代と同じく、政府に従属する警察的な疑似軍事組織であり続けている。安倍晋三政権において有事法制が整備され、制度改革も断行されたが、今回の議論である平時やグレーゾーンにおける法的不備や自衛隊のＲＯＥについては手つかずのままだ。

ここで我々が「栗栖事件」を再考し議論したのは、過去の事件としての総括だけでない。それが、今後さらに軍（自衛隊）というものを、より有為かつ有効に活用するために、政治の為すべきことと軍（自衛隊）の在り方に関わる「政軍関係」上の重要な課題であり論点であるからにほかならない。

（文責：堀　茂）

（1）栗栖議長がインタビュー記事（『週刊ポスト』1978年7月）で、急迫不正の事態が発生した場合、自衛隊は現行法規の中では「超法規的行動」をとらざるを得ないと発言したことに端を発した事件。

（2）事件は1976年9月6日に発生した。現場の航空管制官は最初に自衛隊に通報、だが自衛隊からは警察への連絡を指示された。それを受け警察は再度自衛隊への連絡を指示するという〝たらい回し〟的対応があったが、着陸後は国内事犯ということで警察が対処した。

（3）警察官職務執行法第七条「警察官は、犯人の逮捕若しくは逃走の防止、自己若しくは他人に対する防護又は公務執行に対する抵抗の抑止のため必要であると認める相当な理由のある場合においては、その事態に応じ合理的に必要と判断される限度において、武器を使用することができる。但し、刑法（明治四十年法律第四十五号）第三十六条（正当防衛）若しくは同法第三十七条（緊急避難）に該当する場合又は左の各号の一に該当する場合を除いては、人に危害を与えてはならない」

（4）Rules of Engagement：軍隊の行動基準、交戦規則や交戦規定ともいわれる。敵兵力との交戦時における条件や基準等に関する規定で、各国独自のものを持っている。

（5）栗栖弘臣『自衛隊改造論』（国書刊行会、1979年）38頁。

（6）栗栖氏の言う「独断専行」は政治を無視して自衛隊が恣意的な行動をすることを容認したものではない。あらかじめ政治と策定した自衛隊の行動基準（ROE）の範囲内での、作戦行動の自由を認めよということであった。

補遺（1）「防衛法制に関わる制度的、運用的な課題と問題点」

講師：田村重信（元自民党政務調査会調査役）

第4回の「政軍関係」研究会（2022年7月6日）は、元自民党政務調査会調査役の田村重信先生にお願いして、「防衛法制に関わる制度的、運用的な課題と問題点――文官と制服組の機能と役割」と題する講話の後、参加者全員で議論した。ただし紙幅の都合上、内容が重複する回は割愛せざるを得ない状況となり、田村先生の回が全体を俯瞰しつつ包括するゆえに、ほかの講話内容とかなりの部分が重複したことから、残念ながら章立てすることが叶わなかったことを、まずお断りしなければならない。

しかし、その内容は政軍関係を研究する上では核心的な部分が内在しており、ここに簡単ではあるが紹介しておく。

改めて言うまでもないが田村先生は自民党の安全保障に関する事務方の責任者を永く務め、多くの防衛法制整備に携わってきた。筆者が法務官として自衛隊に奉職した頃は、先生が編集責任者として著した防衛法制の解説書[1]など、過去の国会答弁集を含め何冊かの書物を参考にした。つまり解説書が何冊も必要なほど防衛法体系が複雑多岐になっているという現状は、憂慮すべき問題であることを指摘しておきたい。

一例だが、冷戦後に成立した法律だけでも国際平和協力法（PKO法）、周辺事態安全確保法、有事法制（事態対処法制）、テロ対策特措法、イラク人道復興支援特措法などがあり、有事法制はさらに米軍行動関連措置法、国際人道法違反処罰法、海上輸送規制法、捕虜取扱法、国民保護法などに細分化され、ほんの氷山の一角が法律名として表面に出ているに過ぎない。

国民の自衛隊に対する期待値の上昇は歓迎されることだが、自衛隊の本来の任務は国防のはずだ。それなのに近年、それ以外の平時任務が拡大、多様化、複雑化し、いわゆるグレーゾーンの状況にも対応しなければならない状況にもある。

実際、自衛隊の活動は、自衛隊法を一瞥しただけでも、防衛出動など直接国を防衛する「主たる任務」より、国際平和協力活動などの「従たる任務」が多くを占めていることがわかる。[2]

さらに、これらの「本来任務」のほかに国賓などの輸送や運動競技会支援など多様な「付随的な業務」をこなさねばならない。そして、それぞれに細かな規定が設けられてわが国の防衛法体系を網の目のように構成している。

その他、議論の中でも取り上げられたが、既存の法律が想定しない新たな事態が生起するたびに、特別措置法が立法化されることも増えてきた。テロ対策特措法、イラク人道復興支援特措法、テロ対策補給支援特措法などは記憶に新しい。

総じて、いまの防衛法制を家に譬えるなら、屋根は雨が漏り、壁には穴が空き、付け焼刃の修理、増設を繰り返す複雑怪奇な代物という印象が拭えないのは筆者だけではないと思う。わかりにくい法体系で困るのは為政者ばかりでなく、命令を起案する指揮官・幕僚をはじめ、現場の自衛官こそ迷惑千万な話といえる。小銃を片手に、もう一方の手に法律書を抱えて匍匐前進するような歩兵の姿は想像したくない。今後は、憲法改正を見越して、簡潔明瞭な軍法の検討が必要ではないかと痛感する次第である。

この状況は、文官主導で精緻に作り上げられた法体系によって、部隊がまさに究極のコントロールを受けていることをも意味する。言い換えれば、これ以上の政治統制が不要なほどがんじがらめだということである。

戦後に誕生した自衛隊が当初、教育訓練以外で活動を求められたのは大戦中に撒かれた機雷や不発弾を処理することや、道路の補修、運動競技会への協力、災害派遣という、いわば民生協力という「付随的業務」に限られていた。いまや、その活動は常続的警戒監視活動、不審船への対応、海賊対処、弾道ミサイル対処、対領空侵犯措置など、「本来任務」が急速に拡大していることは既述の通りであり、現憲法が制定された当時には想像もつかない状況を呈していることは確かだろう。

しかし議論の中でも登場したが、自民党の憲法改正草案が通れば、防衛法制の問題は解決するのだろうか。憲法に自衛隊が明記されれば、自衛隊違憲論が解消され、河野克俊元統合幕僚長が指摘するように「ありがたい」話ではある。その点は素直に評価できるだろう。ただし、それによって自衛隊が警察法から解放されるのか、行政組織ではなく国防組織になれるのか。この問いに対する政治指導者の明快な理念がいまだ見えない。そのあたりの深掘りができなかったことは残念であった。次の機会があれば議論を尽くしたいと思う。（文責：黒澤聖二）

（1）田村重信、髙橋憲一、島田和久編著、『防衛法制の解説』（内外出版、2006年）。その他『日本の防衛法制』（共編著、内外出版、2008年）、『新・防衛法制』（内外出版、2018年）など。

（2）「従たる任務」とは、治安出動、海上における警備行動、弾道ミサイル等に対する破壊措置、災害派遣、領空侵犯措置、重要影響事態における後方支援、国際平和協力活動など。

補遺（2）「ハイブリッド戦争時代における政軍関係の変容」

講師：守井浩司（レオンテクノロジー代表）

第5回の「政軍関係」研究会（2022年8月10日）は、日本を代表するサイバー・セキュリティのスペシャリストの守井浩司氏を講師にお迎えして、「ハイブリッド戦争時代における政軍関係の変容」について講話していただいた。

最近よく耳にする「ハイブリッド戦争[1]」という用語は、2014年3月のロシアによるクリミア侵攻以来、広く知られるようになった。なかでも陸海空という物理的空間を超越したメタバース上におけるウイルスやマルウェアを仕込んだサイバー攻撃やSNSを通じて動画（フェイクを含む）を活用しての正しい情報とニセの情報を交えた攪乱工作もしくは情報操作というものが注目されているのは周知の通りである。

講師の守井氏は、いわゆる〝正義のホワイト・ハッカー〟の一人で、加えて国際政治や軍事にも詳しい。守井講師が強調されたのは、この「攪乱工作」や「情報操作」がフェイズやレベルの違いこそあれ、今では世界中どの国においても日常的に発生しているということである。つまり、我々自身がすでに平時有事に関係なく、しかも相手もわからない敵対者による恒常的な攻撃に日々さらされているという現実である。

世界中が瞬時にインターネットでつながる情報社会において、戦争も弾の撃ち合いからは始まらない。まずパソコン対パソコンの戦いで始まる。しかもいつ始まったかわからないままに重要インフラや機密文書へのサイバー攻撃が、リアルな戦闘と同時に実行される。

たとえば、クリミア侵攻前にプーチン大統領は「自警団」と称する特殊部隊を派遣して現地攪乱工作を開始し、サイバー攻撃やＳＮＳを通じての世論醸成工作など「ハイブリッド戦争」を始めていたのである。

「ハイブリッド戦争」は、従来の戦争のように明示的ではない。人的、物的な被害も不明瞭なので、誰が攻撃者なのか、そしていつ、どこで始まり、どこからどこまでが意図的な攻撃かも明確ではない。しかも「ハイブリッド戦争」がマルチドメインな戦いということは、我々の日常である経済、文化、情報、そしてテクノロジーなど社会全般にも強い影響を与えることを意味する。

このような従来の戦争の概念を覆すような状況下にあって、これまでの軍人と文民における

「政軍関係」も当然ながら曖昧となる。つまり、「ハイブリッド戦争」時代における両者の関係は、かつてのような二分法では理解できないということである。

第一次世界大戦以降、戦争は軍人の専有物ではなくなり、国家全体の問題となった。「国家総力戦」という概念で戦闘領域以外の重要性についてもすでに多く語られてきた。

それから一世紀以上が経過し、現代の「ハイブリッド戦争」の時代では攻撃者と被攻撃者はともに軍人とは限らないものとなった。今や素人がスマホやタブレットで攻撃型ドローンなどの兵器を操作できる時代になったのである。

守井講師は、サイバー戦の攻撃の中核はＩＴ技術者であり、厳密な意味で軍人ではないと指摘する。また軍隊組織の中でのサイバー部隊が、必ずしも民間組織に優るわけでもない。むしろ最新技術の源泉は民間に由来するとすれば、文民の方がより強力な攻撃者となり得るだろう。

現代の戦争では、国軍同士の対峙という従来の古典的パターンは少ない。正規軍対非正規軍（民兵）という非対称性はもちろん、さらにそうしたカテゴリーを超えた軍人と文民が混在した形での戦いとなっている。つまり、国家も一個のクライアント（顧客：client）もしくはプリンシパル（主体：principal）として、軍だけでなく国防の一端を担うエージェント（代理人：agent）を随意に求める時代といえるだろう。

「ハイブリット戦争」における「政軍関係」は、従来のような文民と軍人ではなく、プリンシパルとエージェントという概念で把握する必要もある。(2) 一例を挙げれば「ハイブリッド戦争」の重要な要素であるサイバー戦を担うのは、前述したように文民が主体であり軍人はむしろ補完的役割を果たすにすぎない。従来、軍は代替のない唯一のエージェントだったが、サイバー戦におけるエージェントは無数に存在し得るということだ。

サイバー戦で、民間のインフラとその技術者の存在が、死活的に重要なことは言うまでもない。またサイバー戦は多様かつ多層なミッションとなるので、軍民は混然として誰がプリンシパルで、誰がエージェントなのかも不明となる。しかもエージェントによっては、利得と状況次第で敵にも味方にもなるので、プリンシパルに忠実なエージェントというより、プロキシー(代理：proxy)と言ったほうが適切かもしれない。

つまり、これまで「文民統制」という概念は文民(政治家)による軍人への管理・監督であったが、サイバー戦においては「統制」対象たる軍人が存在せず、プリンシパルとしての文民によるエージェントとしての文民への軍事的「統制」が課題となる。端的に言えば、これは文民の「戦闘行為」であり、軍人が関与しない戦争の現出である。

まさに守井講師が言及される〝文民の戦争〟であり「戦争のマーケティング化」ともいうべき

ものである。

戦争に勝利するためのコストが投入兵力量と交戦期間で決まるなら、より安価なエージェントに多くのオーダーが行くのは、一般のマーケティング活動と変わりはない。また戦争が相手の戦力構成や戦略戦術を勘案しつつ、それらのメリットとデメリットを分析しなければならないのも、マーケティングにおける自他の強み・弱みや環境評価するSWOT分析[3]や目標達成のための個々の役割分担たるWBS[4]という手法と同様である。

だが、そのエージェントの中には、国防とは関係なく利得と効率だけを追求する営利集団も存在する。また今後、サイバー戦において軍人がプリンシパルとして文民にエージェントの機能や役割を求めるならば、文民が軍人を統制するという従来の「政軍関係」は逆転する。さらにこれらがリアルな戦闘とリンクすることで、国防全体としての「文民統制」はより一層複雑かつ錯綜することは必定で、我々が経験したことのない事態となる。

ロシア軍のワレリー・ゲラシモフ参謀総長が言うように「ハイブリッド戦争の80パーセントとは、非軍事的要素」であり、「ハイブリッド戦争のターゲットは、民主主義そのもの[5]」ならば、「ハイブリッド戦争」を仕掛ける主体は「民主主義」を攻撃するロシアや中国などの専制体制の国家やそのシンパ組織ということになる。そして、これは欧米やわが国のように民主体制の国家は、「ハイブリッド戦争」に元来脆弱であることを意味する。

「ハイブリッド戦争」の時代においては「戦争の概念」だけでなく、その戦術・戦略も変容せざるを得ない。従来の「政軍関係」における「文民統制」は重要な概念であったが、それも今や陳腐化しつつある。これまでの概念を根柢から覆すような事態とそれらに対処する新たな「手段と方法」を早急に考えねばならないが、わが国にその危機意識と変革への実行力はどれだけあるのだろうか。

守井講師の今回の講演については、今後の最重要テーマの一つであることは間違いない。だが、紙幅の都合などの事情から、結果的に割愛せざるを得なかったことを残念に思うと同時に、別の機会に我々の議論の成果を何らかの形で披瀝できればと念じている。（文責：堀　茂）

（1）「ハイブリッド戦争」の概念規定については、いまだ議論の余地があるので、参考にいくつかの解釈を例示する。
①「軍事的な武力行使に加え、ＳＮＳを使った偽情報の流布などによる情報戦や、重要インフラを狙ったサイバー攻撃などを組み合わせた戦い方」『読売新聞』２０２２年8月23日付。
②「ハイブリッド戦争というものは、本来的に戦争や戦略における固有の形態の一つであり、軍事的領域だ

けでなく非軍事的領域においても、対称的あるいは非対称的な手段と方法で、ハードやソフトそしてスマート・パワーの要素も考慮して結合させたものである」ジョアン・シミド（Johann Schmid）博士、NATOのC²COE（Command and Control Centre of Excellence）が2019年に行なったセミナーにおいて。

③「宣戦布告がなされる戦争の敷居よりも低い状態で、特定の目標を達成するために、国家または非国家主体が、調整のとれた状態で、通常戦力あるいは核戦力に支援されたうえで行なう強制・破壊・秘密・拒絶活動」志田淳二郎『ハイブリッド戦争の時代』（並木書房、2022年）53頁。

④「『ハイブリッド戦』は、軍事と非軍事の境界を意図的に曖昧にした手法であり、このような手法は、相手方に軍事面にとどまらない複雑な対応を強いることになります。例えば、国籍を隠した不明部隊を用いた作戦、サイバー攻撃による通信・重要インフラの妨害、インターネットやメディアを通じた偽情報の流布などによる影響工作を複合的に用いた手法が、『ハイブリッド戦』に該当すると考えています」令和4年度『防衛白書』（防衛省、2022年）1頁。

他方、コリン・グレイ（Colin S.Gray）はじめ「ハイブリッド戦争」という呼称自体が同義反復であるという意見もある。彼らはクラウゼヴィッツの理論に依拠しており、戦争の包含する概念自体が敵対国の政治、経済、社会等全体に対するものであり、元来「ハイブリッド」なものであるという理解である。よってペロポネソス戦争の時代から戦争は「ハイブリッド」が本質であり、改めて「ハイブリット戦争」という概念を加える必要はないという。

（2）ピータ・フィーバー（Peter D. Feaver）による「文民統制」を実行するための方法論で、エージェンシー理論（agency theory）といわれる。フィーバーは「政軍関係」をプリンシパル（principal）／政治とエージェント（agent）／軍という関係で捉え、〝oversight（監視）〟や〝punishment（懲罰）〟で、〝shirking（軍人が文民の望む仕事を忌避）〟させないことが「文民統制」を徹底すると主張する。エージェンシー理論は、必ずしも「ハイブリッド戦争」を想定したものではないが、従来のサミュエル・ハンティントン（Samuel Huntington）による〝military professionalism（高度な軍事的専門性）〟という概念で、軍に一定の自律性（autonomy）を許容するという立場とは大きく異なる。Peter D. Feaver, "*Armed Servants*", Harvard University Press,2005,pp.96-114.

（3）ＳＷＯＴ（Strengths, Weaknesses, Opportunities, and Threats）分析。通常マーケティング活動において、自社と競合他社との比較における、それぞれの強みと弱み、並びに機会と脅威を分析して、どこに活路を見出し、どこを修正して行くかを明確にする手法。

（4）ＷＢＳ（Work Breakdown Structure）。個々のプロジェクトをタイムスケジュールに沿ってそれぞれが分担すべき役割を細分化して有機的に連携、機能するように管理する手法。

（5）志田『ハイブリッド戦争の時代』15頁。

編集後記

２０２１年（令和３年）９月のある日、一本の電話が鳴った。田久保忠衛先生からである。私は即座に緊張した。なぜか今でも先生の電話には緊張を隠せない。電話の趣旨は、櫻井よしこ理事長主宰による「政軍関係」の研究会を国家基本問題研究所（国基研）で始めることになった。ついては、その事務局的な役割を引き受けてほしいとのことだった。

具体的には、研究会設立の主意書と研究のフレーム・ワーク案および講師の人選である。これは大変なことになった、と内心思ったが、田久保先生と私との関係において、「ノー」という選択肢はない。私は少し考えさせて下さいと言うのが精いっぱいで、その場はそれで電話を切った。

実際、この壮大な計画を私一人の器量ではできないことは明白だったので、数日後、もう一人担当をつけて欲しいと先生にお願いした。結果、国基研研究員で事務局長の元海上自衛官黒澤聖二氏が指名され、私と二人でこのプロジェクトを取り仕切ることになった。

いま思えば、これが苦難の始まりだった。国基研のメンバーは多士済々、しかも皆各分野の権威で一家言ある方ばかりである。皆を納得させて研究会を軌道に乗せるだけでも至難である。まして今回は「政軍関係」という、国家の基本に関わるテーマだけに四苦八苦するばかりであった。ようやく趣意書を完成させ、次にプロジェクトのフレーム・ワーク、そして人選案が決まるまでに4か月近くもかかってしまった。

講演は月に一回くらいのペースで進行したが、実のある内容にするため、論点がズレないよう、講師のレジュメには細心の注意を払った。また議論が白熱しすぎて脱線してもいけないので、常に冷静で的確な進行を心がけたが、これについては十全には「統制」できなかった。さらに、このプロジェクト途上で、書籍化することが決まり、結局、足掛け3年も関わることになったのも想定外であった。

実は、この「政軍関係」研究会については、前段があった。田久保先生と故奈須田敬先生(並木書房元会長)が中心となった「安全保障制度研究会」というプロジェクトが、1997年(平成9年)2月に始まっていたのである。そこでの議論は、あるべき政治と軍事の役割、その中核的な問題である「文民統制」から「組織と制度」、そして「法的な問題」まで含まれていた。まさに今回我々が議論しようとしていることと軌を一にしていた。

それから二十数年を経て、我々が新たに議論する意義は、時代も状況も大きく違うという認識が前提としてある。防衛庁は防衛省になり、集団的自衛権は「限定的」に認められ、統合幕僚監部ができて各幕僚監部の地位と役割も向上した。だが、依然として自衛隊は軍隊ではない、括弧付きの「軍隊」である。防衛法制は警察法体系のまま屋上屋を重ね、複雑怪奇な様相を呈している。また、わが国を取り巻く安全保障環境も、かつてないほど厳しいことは言うまでもない。

つまり制度的、運用的にはかなり改革が進んだのは事実であるが、根本的な部分で全く変わっていないということである。また、政治の軍事への理解が「文民統制」の大前提であるが、政治家の軍事忌避は依然として根強い。そして創設以来、自衛隊は警察的行政組織のままでいる。今や自律性と自立性を有する本来の軍事組織としての自衛隊への変革は喫緊の課題である。

このように今回の「政軍関係」研究会プロジェクトは、第二次「安全保障制度研究会」と位置づけることも可能であり、私自身も、このプロジェクトを進めるうちに自分の研究のハイライトにすべきものと考えるようになった。「政軍関係」という言葉も知らなかった大学院時代から30年近くが経過して、牛の歩みの積み重ねではあったが、全体のフレーム・ワークは頭の中でぼんやりと決まっていった。問題は講師の人選である。

実際、黒澤氏と私で考えた講師の人選が、櫻井理事長と田久保座長からなかなか了承が得られず、二人で苦悶したこともあったが、結果的には望みうる最高の人選ができたと自負している。

なかでも安倍内閣下で活躍された河野克俊元統合幕僚長と黒江哲郎元事務次官にご講演いただいたことは、研究会の中身をより充実かつリアルなものにすることができた。

今回、この研究会の成果が書籍化されることで、これからのわが国の「政軍関係」における一つの指針になれば、編者として望外の喜びである。

その意味で、国会議員をはじめ、マスコミ関係者や研究者諸氏、そして国民の方々にご一読いただけるなら、わが国の「政軍関係」上の問題が格段に改善するポテンシャルがあるということを強調したい。

ただ一つ残念なことは、書籍化にあたり紙幅の都合上どうしても講演の一部を割愛せざるを得なかったことである。これについては、関係各位にはお詫びするとともに、事情ご斟酌の上、ご寛恕願うしかない。なお講話の梗概を「補遺」として収録したので参考にしていただきたい。

最後に、櫻井よしこ理事長、田久保忠衛座長をはじめ、ご参加いただいた講師の方々、議論に参加いただいた国会議員、国基研の役員、そして出版を引き受けていただいた並木書房奈須田若仁社長、また長い間苦楽を共にした僚友黒澤聖二座長補佐に深く感謝いたします。

2023年(令和5年)10月10日

堀茂(国基研「政軍関係」研究会座長補佐)

国家基本問題研究所（国基研）
政治、経済、外交、防衛、歴史など、国家の基本問題を調査研究し、成果を発信して、政策形成に寄与するために、2007年（平成19年）に、櫻井よしこ理事長のもと設立。2011年（平成23年）公益財団法人認定。
国基研「政軍関係」研究会：田久保忠衛副理事長を座長として2022年（令和４年）１月に第１回を開催。以後ほぼ毎月、政軍関係の実務と研究に精通した講師を招聘し有志の参加を得て研究会を実施。
研究会メンバー：櫻井よしこ、田久保忠衛（座長）、以下五十音順：有元隆志、石川昭政、太田文雄、織田邦男、河野克俊、菊地茂雄、木原稔、黒江哲郎、黒澤聖二（補佐）、杉田水脈、薗浦健太郎、滝波宏文、冨山泰、長尾敬、浜谷英博、堀茂（補佐）、宮川眞喜雄

「政軍関係」研究
―新たな文民統制の構築―

2023 年 10 月 30 日　印刷
2023 年 11 月 10 日　発行

編著者　国基研「政軍関係」研究会
　　　　田久保忠衛（座長）
責任編集　堀 茂・黒澤聖二
発行者　奈須田若仁
発行所　並木書房
〒170-0002 東京都豊島区巣鴨 2-4-2-501
電話(03)6903-4366　fax(03)6903-4368
http://www.namiki-shobo.co.jp
印刷製本　モリモト印刷
ISBN978-4-89063-442-2